SAP® Activate – Agilität in SAP-Implementierungs-projekten

Martin Kipka

Willkommen bei Espresso Tutorials!

Unser Ziel ist es, SAP-Wissen wie einen Espresso zu servieren: Auf das Wesentliche verdichtete Informationen anstelle langatmiger Kompendien – für ein effektives Lernen an konkreten Fallbeispielen. Viele unserer Bücher enthalten zusätzlich Videos, mit denen Sie Schritt für Schritt die vermittelten Inhalte nachvollziehen können. Besuchen Sie unseren YouTube-Kanal mit einer umfangreichen Auswahl frei zugänglicher Videos:

https://www.youtube.com/user/EspressoTutorials.

Kennen Sie schon unser Forum? Hier erhalten Sie stets aktuelle Informationen zu Entwicklungen der SAP-Software, Hilfe zu Ihren Fragen und die Gelegenheit, mit anderen Anwendern zu diskutieren:

http://www.fico-forum.de.

Eine Auswahl weiterer Bücher von Espresso Tutorials:

- Jörg Marenk: IT-Projektmanagement im SAP® Solution Manager
  http://5122.espresso-tutorials.de
- Stefan Körner & Christina Dietrich: Testautomatisierung mit dem SAP® Solution Manager
  http://5123.espresso-tutorials.com
- Andreas Schuster: Praxishandbuch SAP® HANA – Administration
  http://5265.espresso-tutorials.de
- Andreas Unkelbach: SAP® S/4HANA Migration Cockpit – Datenmigration mit LTMC und LTMOM
  http://5318.espresso-tutorials.de
- Manfred Sprenger: Praxishandbuch SAP®-Basis – Troubleshooting in der Systemadministration
  http://5417.espresso-tutorials.de

Bibliografische Information der Deutschen Nationalbibliothek
Die Deutsche Nationalbibliothek verzeichnet diese Publikation in der Deutschen Nationalbibliografie; detaillierte bibliografische Daten sind im Internet unter *https://portal.dnb.de* abrufbar.

Martin Kipka
SAP® Activate – Agilität in SAP-Implementierungsprojekten

ISBN: 978-3-960124-71-9

Lektorat: Anja Achilles

Korrektorat: Team Wallmow 65

Coverdesign: Philip Esch

Coverfoto: © pavel1964 | # 234657662 stock.adobe.com

Satz & Layout: Johann-Christian Hanke

1. Auflage 2020

URL: *www.espresso-tutorials.de*

Feedback:
Wir freuen uns über Fragen und Anmerkungen jeglicher Art. Bitte senden Sie diese an: *info@espresso-tutorials.com*.

Inhaltsverzeichnis

Vorwort

Die SAP hat alle ihre Kunden informiert, dass bis Ende 2027 das Upgrade auf S/4HANA abgeschlossen sein sollte, da zu diesem Zeitpunkt die normale Wartung für die SAP Business Suite 7 eingestellt wird. Von da an wird es noch bis Ende 2030 eine optionale Extended-Wartung geben. Dies fordert nun von allen Unternehmen, die ein SAP ERP in ihrer Systemlandschaft betreiben, über den Upgrade-Prozess nachzudenken. Während erste Unternehmen diesen bereits abgeschlossen haben und weitere sich zurzeit mitten im Prozess befinden, zögern andere noch, beispielsweise weil man sich damit schwertut, die in der Vergangenheit getätigten Investitionen in Eigenentwicklungen, User-Exits, Schnittstellen und Stammdatenerweiterungen zu verwerfen, um auf die neue Technologie der SAP umzusteigen. Vor dem Hintergrund, dass SAP-Implementierungsprojekte nicht gerade im Ruf stehen, besonders rasch und lautlos über die Bühne zu gehen, gewinnen Fragestellungen nach dem richtigen Projektvorgehen eine elementare Bedeutung.

In der IT-Welt wird alle paar Jahre »eine neue Sau durch das Dorf getrieben«, die unsere schöne, bunte Welt noch einfacher und besser machen soll – und das gilt eben auch für Vorgehensmodelle in Projekten. Zurzeit heißt diese Sau »Agile«.

Auch in Walldorf kann und will man sich dem Buzzword »Agile« nicht verschließen, und so wurde mit SAP Activate ein neues Implementierungs-Framework vorgestellt. Unter Einbeziehung agiler Techniken verspricht es ein Vorgehensmodell, das die Einführung oder den Umstieg auf SAP S/4HANA einfacher, schneller und günstiger machen soll. SAP sieht diese Implementierungsmethode nun auch für andere Produkte vor. Mithilfe von SAP Activate sollen zukünftig alle Implementierungen durchgeführt werden, die bisherigen Vorgehensweisen ASAP und SAP Launch werden nicht mehr weiterentwickelt.

Im vorliegenden Werk möchte ich das theoretische Hintergrundwissen zur Projektmethodik von SAP Activate vermitteln, aber auch die Grenzen aufzeigen, welche mir in der Praxis begegnet sind oder berichtet wurden, denn ein Fokussieren ausschließlich auf Agilität ist noch kein Garant für den Implementierungserfolg.

Insofern richtet sich dieses Buch an jene Leser, die bisher noch keine Erfahrungen in SAP-Activate-Projekten sammeln konnten. Sicherlich wird es das Lesen erleichtern, wenn Sie bereits grundlegendes Verständnis für Projektvorgehensmodelle haben, aber es ist keine Voraussetzung. Zielgruppe dieses Leitfadens können sowohl Mitglieder aller Ebenen eines bereits initiierten bzw. laufenden Implementierungsprojekts sein als auch Mitarbeiter eines Unternehmens, in denen ein solches Projekt ansteht, die nur mittelbar – vielleicht in der Rolle eines Stakeholders – mit dem Projekt zu tun haben, und die nun die neuen Fachbegriffe des Projektteams verstehen wollen.

Neben den theoretischen Grundlagen des Modells finden Sie immer wieder Tipps aus der Praxis und einige Links, hinter denen Sie weiterführende Informationen oder projektunterstützende Vorlagen finden.

Die Veröffentlichung dieses Buches fällt in die Zeit, in der die Gesellschaft in Europa sich intensiv mit dem Virus Covid-19 befassen muss. Gerade erst beschäftigte man sich mit einer Rückkehr in eine Art »Normalität«, schon müssen die meisten Staaten in den nächsten Lockdown gehen. Das Management auf allen Unternehmensebenen hat in den vergangenen Monaten intensiv dazugelernt: Statt langfristiger Budgetplanung hat kurzfristiges Agieren in kleinen Teams das unternehmerische Handeln bestimmt. Agilitätskonzepte, die ggf. schon vor Corona erörtert wurden, sind nun erheblich stärker in den Fokus gerückt und werden nachhaltiger verfolgt. Insgesamt wird die Arbeitswelt flexibler. Von der Politik, die im Krisenmodus das Land von Tag zu Tag und Woche zu Woche geführt hat, konnte man durchaus lernen. Gleiches gilt für die Digitalisierung: Hat in der Vergangenheit bereits allein die Entscheidungsfindung Monate, manchmal gar Jahre in Anspruch genommen, wurde jetzt regelmäßig die direkte Umsetzung erzwungen – und das in einem Bruchteil der Zeit.

Weltweit haben Menschen sehr viel häufiger digital kommuniziert und digitale Dienstleistungen in Anspruch genommen. Vieles davon wird bleiben und den Unternehmen neue Chancen eröffnen. Allerdings wird es auch zu einer Marktbereinigung kommen. Die meisten Verweigerer der Digitalisierung dürften zu den Verlierern dieser Veränderungsprozesse gehören. Arbeiten von Zuhause aus wird ermöglicht und erleichtert die Entscheidung, im Grünen zu wohnen, weil die zeitlichen und finanziellen Aufwendungen für die Fahrt zum Arbeitsplatz abnehmen. Regionen, die eine entsprechende digitale Infrastruktur bereithalten, sowie jene Unternehmen, die ihre Produkte aus der Cloud bereitstellen, werden wohl davon profitieren. Seit Jahren verfolgt die SAP diesen Weg, und nun bekommt er einen unerwarteten Beschleuniger.

Warum so viel (D)Englisch?

Ich möchte mich grundsätzlich vorab für das »Denglisch« in diesem Buch entschuldigen. Die IT wird zunehmend anglifiziert, und ich selbst empfinde es inzwischen als holpriger, wenn ich mich etwas verkrampft darum bemühe, jeden in der Praxis inzwischen eher gängigen englischen Begriff ins Deutsche zu übersetzen. Das mag aber der eine oder andere Leser anders bewerten. Ich hoffe, dass Sie trotzdem Gefallen an den Inhalten finden und mir folgen können. Apropos: Aus genau diesem Grund sind auch die meisten Abbildungen von SAP Activate in Englisch.

Danksagung

Nachdem ich im vergangenen Jahr nahezu durchgängig in agilen Projekten unterwegs war und mehrere SAP-Activate-Schulungen für das große Walldorfer Softwareunternehmen gegeben habe, ergab sich nun endlich ein Zeitfenster, in dem ich dieses kleine Werk vollenden durfte. Dazu trägt mein langjähriger Geschäftspartner Tony Dittmann bei, ohne den dieser Freiraum ganz sicher nicht entstanden wäre. Deshalb gebührt ihm auch mein ganz besonderer Dank.

Bevor ich Sie nun in das Vorgehensmodell »entführe«, möchte ich es außerdem nicht versäumen, Anja Achilles vom Verlag Espresso Tutorials für ihr Lektorat zu danken. Sie hat mir viele wertvolle Tipps gegeben, die allen Lesern dieses Büchleins zugutekommen. Auch ihre Geduld mit mir möchte ich hervorheben.

November 2020, Martin Kipka

In den Text sind Kästen eingefügt, um wichtige Informationen besonders hervorzuheben. Jeder Kasten ist zusätzlich mit einem Piktogramm versehen, das diesen genauer klassifiziert:

Hinweis

Hinweise bieten praktische Tipps zum Umgang mit dem jeweiligen Thema.

Beispiel

Beispiele dienen dazu, ein Thema besser zu illustrieren.

Achtung

Warnungen weisen auf mögliche Fehlerquellen oder Stolpersteine im Zusammenhang mit einem Thema hin.

Die Form der Anrede

Um den Lesefluss nicht zu beeinträchtigen, wird im vorliegenden Buch bei personenbezogenen Substantiven und Pronomen zwar nur die gewohnte männliche Sprachform verwendet, stets aber die weibliche Form gleichermaßen mitgemeint.

Hinweis zum Urheberrecht

Sämtliche in diesem Buch abgedruckten Screenshots unterliegen dem Copyright der SAP SE. Alle Rechte an den Screenshots hält die SAP SE. Der Einfachheit halber haben wir im Rest des Buches darauf verzichtet, dies unter jedem Screenshot gesondert auszuweisen.

1 Einleitung

SAP Activate ist ein Framework zur Einführung von SAP S/4HANA und weiteren SAP-Produkten. Es wird seitens der SAP für Kunden kostenfrei zur Verfügung gestellt und löst die bisherigen Vorgehensmodelle ASAP und SAP Launch ab.

Auch wenn SAP Activate nicht ausschließlich zur Implementierung von S/4HANA vorgesehen ist, werde ich mich im vorliegenden Büchlein auf diese Funktion fokussieren. Dafür gibt es drei Gründe: Zum einen ist keine andere Software der SAP in der Implementierung derart komplex und herausfordernd wie das ERP-System S/4HANA und somit ist der Mehrwert für die meisten Leser bei diesem Beispiel wohl am größten. Zum anderen ist keine andere Software der SAP ähnlich verbreitet wie das ERP-System, sodass die Zielgruppe damit wohl ebenfalls am größten sein dürfte. Schließlich ist mein eigener Erfahrungshorizont in dieser Hinsicht schlicht und ergreifend am besten ausgeprägt. So kann meine Praxiserfahrung dem Inhalt und der Lesbarkeit in Form von Beispielen zugutekommen.

SAP-Projekte haben eine nicht zu unterschätzende Komplexität. Dies lässt sich schon am Produkt »ERP-Software« erkennen, welches dafür ausgelegt ist, sämtliche betriebswirtschaftlich relevanten Vorgänge eines Unternehmens abzubilden – also alle geplanten und tatsächlichen Ströme von Gütern und Dienstleistungen sowie die dazugehörigen Werteflüsse. Somit liegt einem SAP-Projekt stets das komplette Input-/Output-Modell (siehe Abbildung 1.1) des Unternehmens inklusive der damit verbundenen Geschäftsprozesse zugrunde. Dies unterscheidet ERP-Software von Branchenlösungen oder Insellösungen, die stets nur Teile der Unternehmensprozesse verarbeiten.

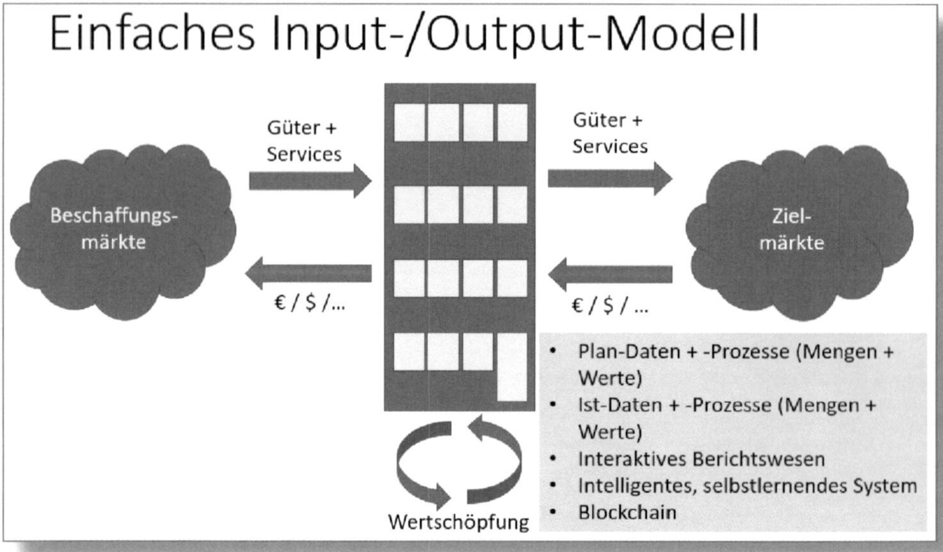

Abbildung 1.1: Einfaches Input-/Output-Modell

Die gesamten Prozesse sollen in einem einzigen SAP-System abgebildet werden. Derartig umfassende Projekte können nicht ohne Herausforderungen bleiben. Dabei kommen zu den Mengen- und Werteflüssen auch noch Daten hinzu, die im Rahmen der Planung entstehen. Zudem sind die Anforderungen an ein modernes Berichtswesen in den letzten Jahren gestiegen. Schließlich erwarten moderne Unternehmen eine selbstlernende Software, um sehr schnell auf den Markt oder die Kunden reagieren zu können. Entsprechende Stichworte sind beispielsweise »Cross Selling« und »Upselling«, wo die Software das Kaufverhalten mehrerer Kunden eigenständig analysieren soll, um anderen Kunden entsprechende Vorschläge zu unterbreiten. Oder »Predictive Maintenance«, also das Auswerten von Maschinendaten, um Stillstand zu vermeiden, indem die Wartung durchgeführt wird, bevor es zum Ausfall kommt. Ein weiteres Stichwort wäre die Zusammenarbeit mit anderen Systemen, z. B. für die Blockchain-Technologie.

Somit kommt es im Rahmen eines solchen Software-Implementierungsprojekts unweigerlich zu der Frage, ob das System an die Prozesse des Unternehmens angepasst werden soll oder ob das Unternehmen die Standardsoftware, so wie vom Hersteller angeboten, unverändert verwenden kann und will – was in der Regel auf eine Anpassung von Prozessen hinausläuft (siehe Abbildung 1.2).

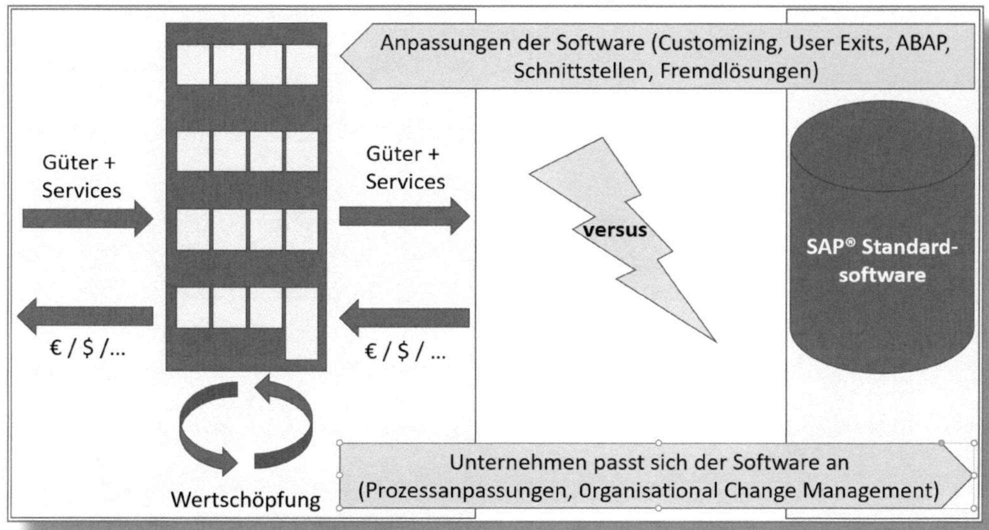

Abbildung 1.2: Unternehmens- versus Softwareanpassung

Diese Fragestellungen sind die grundlegenden Herausforderungen im Rahmen von Implementierungsprojekten. In den meisten Projekten ist es natürlich kein Entweder-oder, sondern ein Sowohl-als-auch. Dies bedeutet, dass sich das Unternehmen einerseits für alles, was möglichst nah am Standard der Software bleiben soll, mit dem *Organisational Change Management (OCM)* auseinandersetzen muss. Andererseits muss es für diejenigen Prozesse, welche die Stärke des Unternehmens ausmachen oder sogar zu den »Unique Selling Propositions« gehören, die Anpassung der Software in Betracht ziehen. Im Rahmen einer S/4HANA-Implementierung geschehen diese Anpassungen innerhalb des Projekts durch Customizing, das Entwickeln von User Exits (Kundenerweiterungen unter Verwendung einer bestimmten Technologie), ABAP (Kundenerweiterungen unter Verwendung der SAP-eigenen Programmiersprache), Schnittstellen und den Einsatz von Fremd- und/oder Partnerlösungen.

Auch SAP-Projekte können sich nicht den üblichen Zielkonflikten von Zeit, Geld und Qualität entziehen. Versucht man, im Rahmen der Projektarbeit nur einen dieser drei Punkte »anzufassen«, so wirkt sich dies fast immer auf beide, mindestens aber auf einen der anderen Punkte aus.

Schließlich stellt das Management des Unternehmens noch ganz eigene Ansprüche an derartige Projekte, was ich in einigen stereotypen Anforderungen formulieren möchte:

Typische Projektanforderungen seitens des Managements

- Unser System ist im Laufe der Jahre immer mehr »verbogen« worden, jeder neue Patch wird inzwischen zur Herausforderung. Wir möchten zurück zum Standard.
- Wir wollen das Projekt auch dazu nutzen, unsere Prozesse (weltweit) zu harmonisieren.
- Leider wussten wir zu Projektbeginn noch nicht, dass wir dieses Unternehmen/diesen Unternehmensteil (ver-)kaufen werden. Es muss noch »irgendwie« mit im Projekt berücksichtigt werden.

Und nun kommt die SAP mit einem neuen Framework zum Implementierungsvorgehen, das Lösungen für all diese Herausforderungen bieten soll: SAP Activate! Entdecken Sie auf den kommenden Seiten die Chancen und die Besonderheiten, aber auch die Grenzen dieses Tools. Viel Spaß beim Lesen!

2 Einführung in SAP Activate

SAP Activate bietet ein einheitliches Framework zur Implementierung von SAP-Software für die unterschiedlichen Kundenausgangslagen, wie etwa eine Neueinführung, das Upgrade einer bestehenden SAP-Landschaft oder eine Transformation aus anderen Non-SAP-Systemen.

Die Grundpfeiler von SAP Activate sind der Content, die neue Methodologie mit agilen Ansätzen in Kernphasen des Projekts sowie Tools z. B. zur geführten Konfiguration eines SAP-Cloud-Systems, auch *Guided Configuration* genannt (siehe Abbildung 2.1).

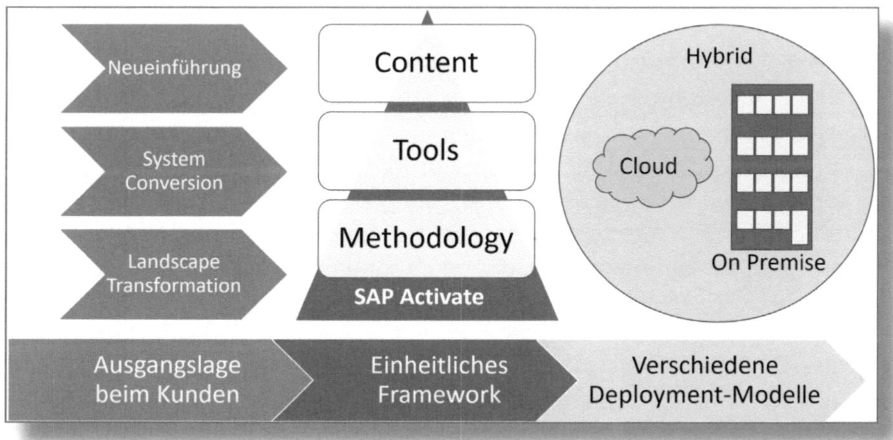

Abbildung 2.1: Überblick zu SAP Activate

Wenn Kunden heute über die Implementierung von SAP S/4HANA nachdenken, dann liegen unterschiedliche Ausgangsszenarien zugrunde:

- Der Kunde hat noch kein ERP-System und möchte eine Neueinführung vornehmen.

- Der Kunde hat bereits ein SAP ERP im Einsatz und möchte jetzt zu S/4HANA wechseln.
- Der Kunde verfügt bereits über ein ERP-System, dieses ist jedoch von einem anderen Hersteller.
- Die Ausgangslage ist eine Mischung aus den vorgenannten Punkten, je nach Unternehmensteil.

Vom SAP-Activate-Framework werden diese unterschiedlichen Ausgangssituationen beim Kunden ebenso unterstützt wie die diversen, heute üblichen Bereitstellungsszenarien:

- On-Premise,
- Cloud,
- Hybrid, also eine Mischung aus On-Premise und Cloud.

Hinsichtlich der Cloud bietet die SAP ihren Kunden zwei unterschiedliche Optionen an:

S/4HANA Cloud Multi Tenant Edition (S/4HANA MTE): Diese Form der Bereitstellung ist für Kunden geeignet, die weitgehend dazu bereit sind, die SAP-Standardprozesse zu nutzen. Mehrere Unternehmen werden auf einer Serverlandschaft gemeinsam abgebildet (datentechnisch sind sie selbstverständlich strikt voneinander getrennt!). Diese Option bringt einige Einschränkungen hinsichtlich der Anpassbarkeit des SAP-Systems mit sich, dafür sind die Projektlaufzeiten in der Regel sehr kurz, und das System wird seitens der SAP immer auf dem aktuellen Stand gehalten. Vierteljährlich erhalten die Kunden Updates, Fehlerbereinigungen werden im Allgemeinen innerhalb von zwei Wochen bei jedem Kunden eingespielt. Alle Kunden einer Serverumgebung sind in diesem Fall auf dem gleichen Release- und Patchlevel, haben also hinsichtlich der Aktualisierungen denselben Stand. Kunden, die sich für die S/4HANA MTE entscheiden, sollten also im Sinne von Abbildung 1.2 bereit sein, sich durch Anpassung von Aufbau- und Ablauforganisation dem SAP-Standard anzunähern. Trifft dieses Szenario für Ihr Unternehmen zu, ist Abschnitt 7.6 von besonderer Relevanz.

S/4HANA Cloud Single Tenant Edition (S/4HANA STE): Hierbei handelt es sich im Grunde um ein S/4HANA-On-Premise-System, das auf der *SAP HANA Enterprise Cloud (HEC)* ausgerollt wird und nicht den Release-Zyklen von S/4HANA MTE unterworfen ist. Damit stehen dem Kunden sowohl der gesamte Systemumfang, der On-Premise angeboten wird, als auch sämtliche Customizing-Optionen zur Verfügung. Lediglich das Verändern des Standard-Codings ist blockiert, jedoch gibt es alle Erweiterungsmöglichkeiten.

2.1 Framework-Bestandteile

SAP Activate setzt sich aus drei Teilen zusammen, die Sie nachfolgend beschrieben finden.

2.1.1 Content

Grundsätzlich liefern ERP-Systeme Standard-Content. Dazu gehören beispielsweise Muster-Organisationseinheiten, die als Vorlage dienen können, oder etwa vorgedachte Prozesse. Dies ist auch bei S/4HANA so. Folgende Punkte fasst SAP im Rahmen von SAP Activate unter dem Begriff *Content* zusammen:

- *Business Processes:* Neben der Tatsache, dass die Standardsoftware selbst einiges an Content enthält, werden seitens der SAP über den *Best Practice Explorer* (vgl. Abschnitt 11.2 bzw. *https://rapid.sap.com/bp/*) Pakete bereitgestellt, die im Rahmen einer S/4HANA-Implementierung sehr schnell zu einem funktionsfähigen Standardsystem führen. Diese Pakete bilden die Grundlage für vorkonfigurierte Systeme und bündeln die Erfahrung der SAP aus vielen Implementierungsprojekten. Die Kunden entscheiden jeweils anhand ihrer Projektziele, ob und welche Pakete sie verwenden möchten. Außerdem gehören sogenannte Ready-to-run-Systeme dazu. Hierbei handelt es sich um diverse Systeme, die sofort als Grundlage für ein Implementierungsprojekt verwendet werden können. Meistens dienen sie als Trial-Version (Model Company) dazu, das System und seine Oberfläche erst einmal kennenzulernen.

- *Project Library:* Neben Beispielprojektplänen stellt die SAP im Rahmen von SAP Activate eine große Anzahl von Beschleunigern über das Internet bereit. Das können Testskripte, Foliensätze, Whitepapers, Exceltabellen und vieles mehr sein. Ich gehe in Kapitel 11 gesondert darauf ein.
- *Integration and Migration:* Zur Integration und Migration liefert SAP einerseits Content, anderseits aber auch Hilfestellung in Form von Anleitungen aus.

2.1.2 Tools

Ein *Tool* kann eine bestimmte Funktion innerhalb des SAP-S/4HANA-Systems oder auch eine »Standalone«-Lösung in Gestalt eines Non-SAP-S/4HANA-Systems, eines Online-Portals oder in anderer Form sein. Insofern bilden Tools einen Teil der Projektinfrastruktur. Sie erlauben den Zugriff auf und das Verwalten von projektrelevanten Informationen. Manche Tools werden über das Internet bereitgestellt und können intuitiv sofort genutzt werden. Andere sind umfangreicher und bedürfen ggf. eines eigenen Projekts mit genügend Zeit zum Kennenlernen des Tools (z. B. SAP Solution Manager). Einige dieser Tools erfordern ggf. sogar eigene Lizenzen.

Je nach Umfang kann der Nutzen eines Tools ganz unterschiedlich sein, indem entweder nur ein Teil des Projektteams oder aber das gesamte Projekt davon profitiert. SAP unterscheidet folgende Tools:

- *Process Automation:* Hierzu gehört z. B. das Bereitstellen einer Plattform zur Durchführung der projektbezogenen Prozesse. Das Projektteam erstellt und verwaltet die projektbezogenen Daten.
- *Content Provisioning:* Hierunter versteht SAP die Bereitstellung von Content für das Konfigurieren (z. B. Wizards, die die SAP als »Guided Configuration« bezeichnet und im Rahmen von Cloud-Implementierungen einsetzt) und den Betrieb von Lösungen, aber auch Content für das Durchführen von Trainings (z. B. Learning Hub).

2.1.3 Methodology

Dies ist sicherlich das Kernelement der Neuerungen im Rahmen von S/4HANA-Implementierungen. Wie bereits im Vorwort erwähnt, greift die SAP in der Projektmethodik für eine Vielzahl von Projekten jetzt auch agile Elemente auf. Diese agilen Momente innerhalb der Activate-Methodik orientieren sich stark an den Vorgaben des Project Management Institute (PMI). Die SAP gliedert die Methode nach vier Begriffen:

1. Phasen:

Die neue Methodik sieht vier Kernprojektphasen sowie eine vor- und eine nachgelagerte Phase vor (siehe Abbildung 2.2). Wer sich ein wenig mit Projektvorgehensmodellen beschäftigt, erkennt unschwer an der Abbildung und an ihren Begriffen (z. B. Fit-to-Standard-Analyse, Sprint), dass insbesondere die Phasen »Explore« und »Realize« agile Elemente zur Activate-Methodik beitragen. Während Projekte nach dem Wasserfall-Prinzip sequenziell voranschreiten (jede Stufe des Wasserfalls beschreibt eine Phase), sind agile Projekte inkrementell angelegt, was bedeutet, dass Verbesserungen in kleinen Schritten kontinuierlich verfolgt werden.

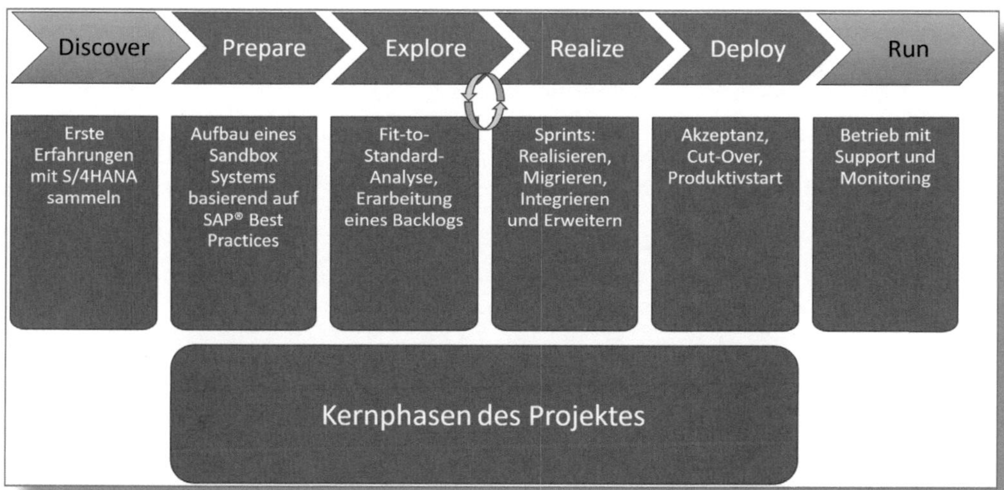

Abbildung 2.2: Phasen des SAP-Activate-Vorgehensmodells

Falls Sie jetzt bereits neugierig sind, können Sie schon mal im Abschnitt 5.1 lesen, welche Unterschiede zwischen agilem Projektvorgehen und den bisher für Implementierungsprojekte üblichen wasserfallbasierten Methoden bestehen.

Diejenigen Leser, die bisher beispielsweise schon mit *Accelerated SAP* (kurz ASAP) bzw. daran angelehnten Vorgehensmodellen vertraut waren (Wasserfall), werden in Abbildung 2.2 die sehr wichtige Blueprint-Phase vermissen. Immerhin wurden während dieser Phase die wichtigen Fachkonzepte, Pflichtenhefte oder Sollkonzepte geschrieben, die insbesondere für das gemeinsame Verständnis der zu erbringenden Projektleistungen von erheblicher Bedeutung waren. Gelegentlich – und so etwas soll ja vorgekommen sein – wurden dann sogenannte *Change Requests (CR)* erforderlich, weil die Realität den verfassten Plan »überholt« hatte.

Für SAP Activate gilt: Es gibt nach wie vor einen wasserfallbasierten Ansatz – wenigstens für On-Premise-Installationen. Ansonsten bevorzugt SAP eindeutig das agile Vorgehen.

2. Workstream:

Ein *Workstream* umfasst einen Bereich des Projekts, der einer eigenständigen Steuerung bedarf. Häufig wird ein Workstream durch ein Team besetzt, das die Aufgaben übernimmt.

3. Deliverables and Tasks:

Deliverables sind die erwarteten Ergebnisse, die man in Tasks, also dedizierte Aufgaben, gliedert, um das Projekt möglichst effizient zu gestalten.

4. Artifacts:

Die meisten Projekttätigkeiten basieren auf als *Artifacts* bezeichneten Dokumenten oder Informationen, bzw. generieren solche.

2.2 Die kritischen Erfolgsfaktoren in Projekten

Wie bereits in der Einleitung erwähnt, unterliegen Projekte regelmäßig einigen Zielkonflikten. Die grundlegenden Zielkonflikte ergeben sich aus dem magischen Projektdreieck (siehe Abbildung 2.3).

Qualität, Zeit und Budget, die drei kritischen Erfolgsfaktoren in Projekten, müssen seitens des Projektmanagements so kombiniert werden, dass der Projekterfolg sichergestellt wird. Es geht also fast immer darum, ein Projekt »on time, on budget and on quality« zu liefern. Dabei stellt sich schnell heraus:

- Die Zeit ist knapp – und wird im Projektverlauf scheinbar immer knapper.
- Das Budget ist niedrig – und verbraucht sich zunehmend schnell.
- Der Qualitätsanspruch ist hoch – und steigt im Projektverlauf.

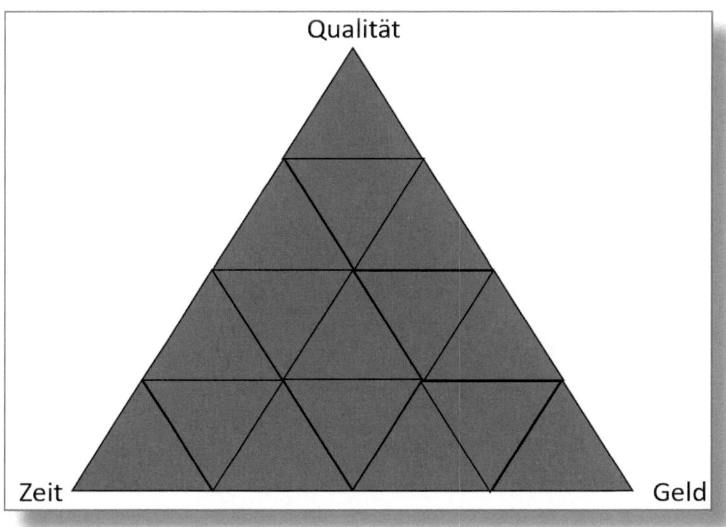

Abbildung 2.3: Zielkonflikte im magischen Projektdreieck

Im Vergleich traditioneller Vorgehensmodelle mit dem magischen Projektdreieck in SAP Activate zeigt sich, dass es zwar in beiden Fällen darum geht, diese Zielkonflikte möglichst optimal aufzulösen. Worin sie sich allerdings konkret unterscheiden, möchte ich anhand des jeweiligen Projektdreiecks kurz darstellen.

In Abbildung 2.3 beschreibt die Grundfläche des Dreiecks den Projektumfang, wobei jedes kleine Dreieck symbolisch für eine gewünschte Teilleistung des Projekts steht. Die Summe der Teilleistungen ergibt den Umfang des Gesamtprojekts, und dieser wird im traditionellen Ansatz im Lasten- oder Pflichtenheft beschrieben. Im Zusammenhang mit SAP-Implementierungen wurde hierbei gemäß dem älteren Vorgehensmodell accelerated SAP (ASAP) gerne vom *Business Blueprint* gesprochen. Wird nun eine zusätzliche Leistung gewünscht oder ist sie aufgrund neuer Gegebenheiten erforderlich, so wird schnell deutlich, dass diese nicht mehr in die bereits komplett beschriebene Grundfläche passt. Damit muss die Fläche zwangsläufig angepasst werden. Dies wirkt sich dann auf mindestens zwei, manchmal auf alle drei Ziele aus (siehe Abbildung 2.4).

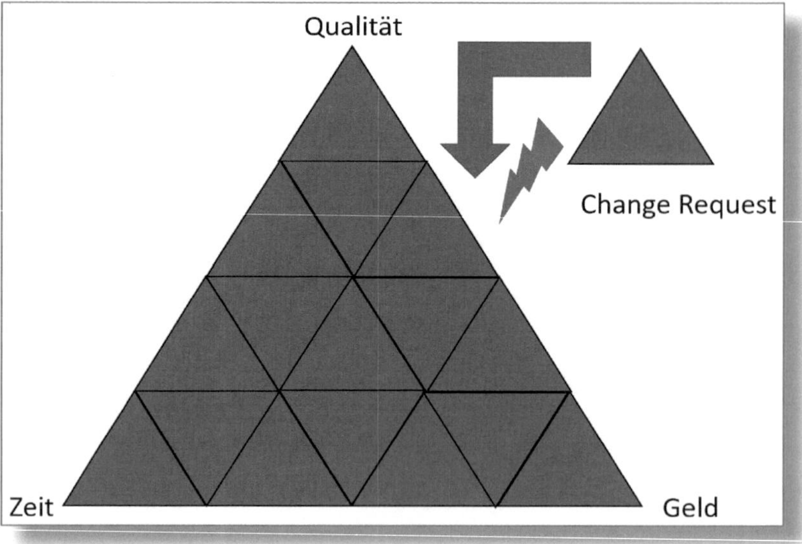

Abbildung 2.4: Change im traditionellen Projektvorgehensmodell

Im Ergebnis bedeutet dies, dass der Change-Request-Prozess die Frage nach dem neuen Umfang des Gesamtprojekts mit Blick auf Zeit, Geld und Qualität beantworten muss.

Change Requests haben typische Ursachen wie etwa:

- Der Kunde lernt im Verlauf des Projekts die Möglichkeiten der Standardsoftware immer besser kennen und verstehen und möchte die gewonnenen Erkenntnisse dann auch in seinem System nutzen.
- Die Berater und Programmierer verstehen das Geschäftsmodell im Laufe der Zeit immer besser und versuchen, ihre Erkenntnisse entsprechend im System umzusetzen.
- Das Projekt wurde ausgeschrieben. Der Implementierungspartner hat das Projekt mit dem Ziel eines Zuschlags jedoch sehr knapp kalkuliert, sodass es keine Reserven gibt.
- Missverständnisse im Lasten- oder Pflichtenheft werden erst spät im Projektverlauf erkannt.
- Unstimmigkeiten zwischen Implementierungspartner und Kunde schwelen lange unter der Oberfläche und eskalieren mit zunehmendem Termindruck.
- Der Fachbereich wird zu spät mit den neuen Prozessen vertraut gemacht und blockiert kurz vor dem geplanten Produktivsetzungstermin – mal begründet und manchmal einfach nur aus Unmut über die mangelnde (rechtzeitige) Einbindung.
- Das Projekt ist auf Kundenseite suboptimal besetzt. Nicht die Mitarbeiter mit den besten Prozesskenntnissen stehen dem Projekt zur Verfügung, sondern jene, die gerade Zeit hatten.
- Das Projekt ist seitens des Implementierungspartners suboptimal besetzt. Nicht die Mitarbeiter mit den passenden Skills, sondern die Mitarbeiter, die gerade kein anderes Projekt haben, werden entsendet.
- Der Lenkungsausschuss entscheidet träge oder verschiebt seine Zusammenkünfte immer wieder.

- Innovationen führen zu einer Veränderung des Projektinhalts und damit zu Veränderungen mit Blick auf die zu liefernde Qualität.
- Durch Weiterentwicklung des Geschäftsmodells gibt es kundenseitig neue Anforderungen.
- Zu Beginn des Projekts lässt man gewisse Unschärfen im Zeitmanagement durchgehen, weil sich die Gesamtdauer ja noch gut »anfühlt«.

Häufig führen Change Requests auch zu einer Abkühlung des Vertrauensverhältnisses zwischen den Partnern. Am Ende geht es schließlich regelmäßig darum, wer für den veränderten Aufwand geradesteht.

Dieser in vielen Projekten immer wieder aufkeimende Konflikt von Change Requests wird nach der SAP-Activate-Methode idealerweise so gelöst, wie es in agilen Projektvorgehensmodellen üblich ist: Man verzichtet auf das aufwendige Abfassen von Sollkonzepten. In agilen Projekten geht man grundsätzlich davon aus, dass es im Projektverlauf neue Anforderungen geben wird. Technischer Fortschritt, die Weiterentwicklung des Unternehmens oder einfach nur späte Erkenntnisse sind die Ursachen für solche unvorhergesehenen Projektanforderungen. Statt nun jedes Mal darüber nachzudenken, den Projektumfang auszuweiten, wird überlegt, welche Funktionalitäten der neuen Anforderung weichen müssen. Es wird also neu priorisiert. Diese Aufgabe kommt zwingend einem Mitarbeiter des Kunden im Projekt zu. Man nennt diese Rolle »Product Owner«.

Abbildung 2.5 stellt die Herangehensweise dar. Aufgrund dieses Ansatzes bleibt die Grundfläche des Dreiecks unverändert. Ihr Inhalt hingegen, also die Teilleistungen, werden im Projektverlauf regelmäßig hinterfragt und ggf. mit anderen Prioritäten versehen. Neue wichtige Anforderungen auf der einen Seite können also weniger wichtige Anforderungen auf der anderen Seite aus dem Projektumfang verdrängen.

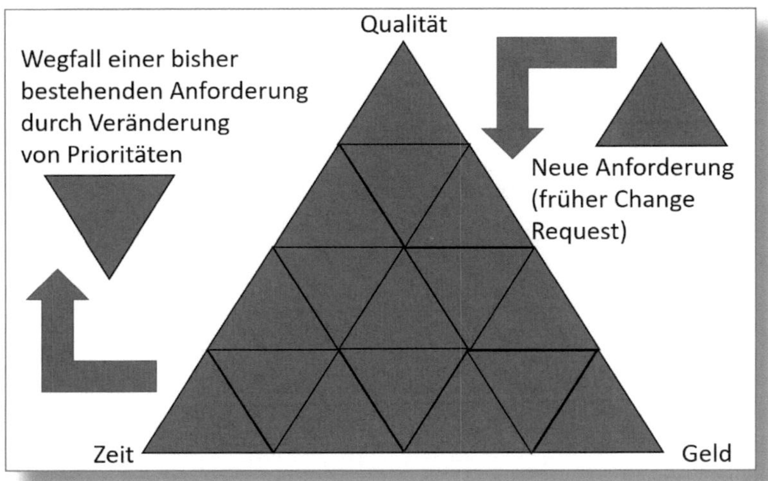

Abbildung 2.5: Change in SAP Activate

Diese Verfahrensweise erspart manche leidige Diskussion zwischen dem Implementierungspartner und dem Kunden hinsichtlich Klarheit, Vollständigkeit und Richtigkeit des Sollkonzepts als Maß für den Projekterfolg. Allerdings kann dieses Vorgehen interne Konflikte bei den Kunden verursachen. Da in der Praxis hinter einer verdrängten Funktionalität häufig ein anderer Verantwortlicher steht als hinter der neuen, die es nun in den Scope des Projekts geschafft hat, werden die unterschiedlichen Stakeholder jeweils um den Erhalt ihrer Funktionalitäten ringen. Deshalb ist ein starker Product Owner ein kritischer Erfolgsfaktor für dieses Vorgehen. Er sollte über einen profunden Rückhalt im Lenkungsausschuss und in der gesamten Organisation verfügen.

Neben dem ständigen Ringen um die Prioritäten führt das agile Modell noch zu weiteren Herausforderungen im Projekt. Nehmen wir einmal an, dass eine Funktion der Finanzbuchhaltung eine Funktion des Vertriebs aus dem Release verdrängt, so stellt sich unmittelbar die Frage, ob dafür überhaupt die geeigneten Ressourcen für das Projekt eingeplant sind, oder ob durch die neue Priorität Engpässe bei bestimmten Projektmitarbeitern entstehen.

Sie sehen, dass es hinsichtlich des Projektvorgehens manches zu beachten gibt. Somit ist es für Projekte, die mit SAP Activate umgesetzt werden, wichtig, die üblichen Erfolgsfaktoren Zeit, Geld und Qualität unter geänderten Vorzeichen zu betrachten.

Bevor wir dies in Kapitel 5 beginnen, möchte ich ein paar Begriffe einführen, die dem Verständnis des Modells dienen, da sie die Methode gliedern, ihr also eine überschaubare Struktur geben.

3 Unterschiedliche Ausgangsvoraussetzungen

Jeder Kunde, der SAP Activate im Rahmen einer S/4HANA-Implementierung einsetzen möchte, kommt aus einer ganz eigenen Historie. Dennoch lassen sich diese unterschiedlichen Ausgangslagen gruppieren. Die SAP spricht hier von unterschiedlichen Transitionspfaden (Transition Paths).

Ganz grob lassen sich zunächst einmal drei *Transitionspfade* unterscheiden:

- **System Conversion**: Hierbei handelt es sich um eine mehr oder minder technische Überführung eines vorhandenen SAP-ERP-Systems in ein S/4HANA-System. Technische Neuerungen werden dabei ggf. eine Zeit lang ausgeblendet, bzw. nur in zwingend erforderlichem Umfang berücksichtigt. Der Kunde möchte im Grunde sein bisheriges System weiterbetreiben und zieht auf S/4HANA um, damit er nicht aus der Wartung läuft und seine bisher in das System gesteckten Investitionen erhalten bleiben. Dieser Umzug wird häufig als *Brownfield Approach* bezeichnet. Für die System Conversion stellt die SAP den *Software Update Manager* bereit. Dieser Transitionspfad führt regelmäßig zu einer S/4HANA-Installation auf kundeneigenen Systemen (On-Premise).
- **New Implementation**: Die Ausgangsbasis kann zum Projektbeginn ein SAP- oder ein Non-SAP-System sein. Der Kunde entscheidet sich ungeachtet des vorhandenen Systems dazu, auf der grünen Wiese zu beginnen. Bei der Übernahme der Daten aus dem Altsystem unterstützt das *S/4HANA Migration Cockpit*. Mitunter wird dieser Ansatz *Greenfield Approach* genannt. Dieser Transitionspfad ist auch für Unternehmen geeignet, die bisher noch kein ERP-System einsetzen. Dabei kann das angestrebte S/4HANA-System sowohl in der Cloud als auch On-Premise liegen.

- **Selective Data Transition**: Bei diesem Transitionspfad geht es um den Investitionsschutz des bisherigen Bestands. In bestimmten Unternehmensbereichen oder Prozessen soll ein Prozess-Redesign vermieden werden, wohingegen andere Prozesse oder Unternehmensbereiche aktiv neu zu gestalten sind. Die SAP stellt hierfür das Tool *Landscape Transformation* bereit. Das Zielsystem ist entweder ein On-Premise-System oder die S/4HANA Cloud Single Tenant Edition (Kunde hat ein eigenes, physikalisch von anderen Kundensystemen getrenntes SAP-System). Dieses Vorgehen wird mitunter als *Bluefield Approach* bezeichnet.

In Abhängigkeit vom gewählten Transitionspfad und dem Zielsystem (Cloud oder On-Premise) ändern sich die Aufgaben in den unterschiedlichen Phasen des Projekts leicht. Daher ist es wichtig, dass diesbezüglich schnell Einigkeit und Klarheit hergestellt wird. Beachten Sie bitte, dass im Roadmap Viewer jeweils angepasste Versionen der Unterstützung existieren. Ebenso sind für den einen oder den anderen Transitionspfad spezifische Beschleuniger vorhanden.

4 Struktur der Methode

Im ausklingenden letzten Jahrtausend bin ich noch in nahezu jedem SAP-Projekt auf ein anderes Vorgehensmodell gestoßen. Im Grunde folgte jedes Beratungsunternehmen seiner eigenen Methodik. Zwar ähnelten sich alle Projekte dahingehend, dass sie wasserfallbasiert und in Phasen gegliedert waren, aber sowohl die Anzahl der Phasen als auch die Begrifflichkeiten waren stets ein wenig anders. Heute stellt die SAP all ihren Kunden und Partnern die Activate-Methode inkl. Beschleuniger und jeder Menge Informationsmaterial zur freien Verfügung. Daher lohnt es sich, einen genaueren Blick auf die Struktur der Methode und ihre Begrifflichkeiten zu werfen. Anders als bei ASAP scheint sich dieses Vorgehensmodell am Markt zunehmend durchzusetzen.

Die strukturierenden Elemente der Methode werden wie folgt bezeichnet:

- *Phase* – Eine Phase beschreibt einen bestimmten Fortschritt im Projekt. Jede Phase endet mit einem sogenannten *Quality Gate*, also mit einer Prüfung, ob die für die Phase geplanten Aktivitäten erfolgreich abgeschlossen wurden. Abbildung 4.1 zeigt z. B. die Deploy-Phase.
- *Workstream* – Workstreams (linke Spalte in Abbildung 4.1) beschreiben Bündel zusammenhängender Aufgaben. Ein Workstream, z. B. das Projektmanagement in der Abbildung, kann mehrere Phasen überspannen. Häufig wird ein Workstream von einem festen Team von Mitarbeitern bearbeitet.
- *Deliverable* – Dies ist ein erwartetes Projektergebnis. Mehrere Deliverables werden einem Workstream zugeordnet. Der »Production Cutover« ist beispielsweise ein Deliverable für den Workstream »System and Data Migration«.
- *Task* – Ein Task ist eine zu erledigende Aufgabe. Ein oder mehrere Tasks beschreiben ein Deliverable. Die Tasks sind in der Grafik nicht mehr abgebildet. Zum Deliverable »Production Cutover« gehört beispielsweise eine ganze Reihe von Tasks, die Sie in Abschnitt 10.1.2 nachlesen können.

Abbildung 4.1 veranschaulicht die verschiedenen Begriffe noch einmal.

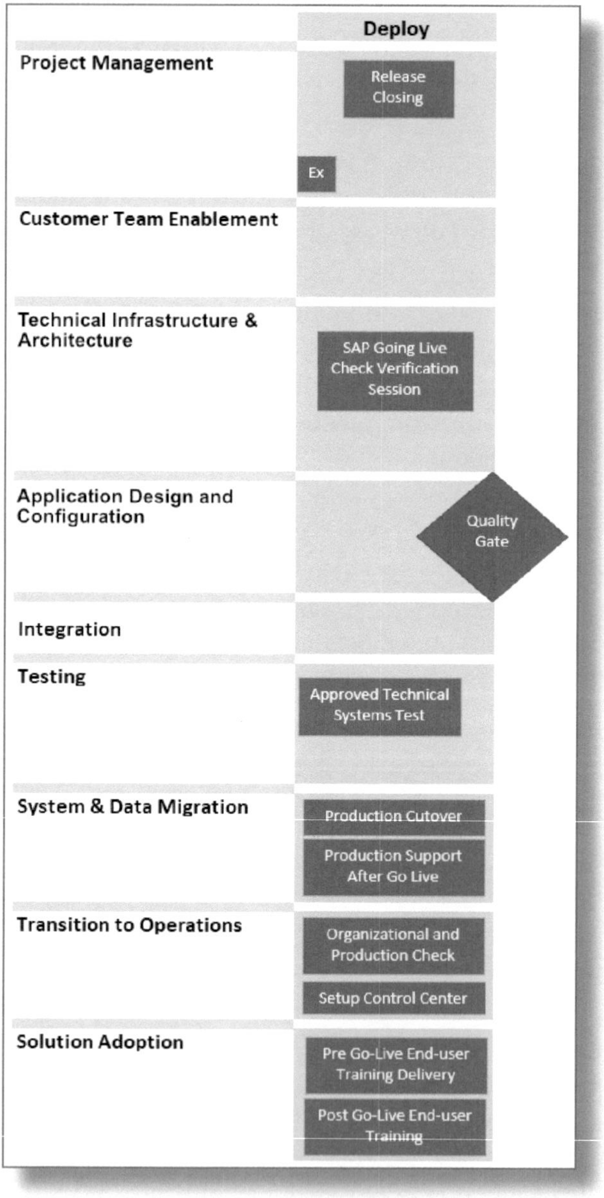

	Deploy
Project Management	Release Closing Ex
Customer Team Enablement	
Technical Infrastructure & Architecture	SAP Going Live Check Verification Session
Application Design and Configuration	Quality Gate
Integration	
Testing	Approved Technical Systems Test
System & Data Migration	Production Cutover Production Support After Go Live
Transition to Operations	Organizational and Production Check Setup Control Center
Solution Adoption	Pre Go-Live End-user Training Delivery Post Go-Live End-user Training

Abbildung 4.1: Struktur der Methode am Beispiel der Deploy-Phase

Häufig taucht die Frage auf, welche Workstreams ein Projekt benötigt. Nachstehende Auflistung zeigt eine entsprechende Empfehlung der SAP:

- **Projektmanagement** – Das Projektmanagement beinhaltet Planung, Terminplanung, Governance, Kontrolle und Überwachung der Projektdurchführung.
- **Application: Design & Configuration** – Dieser Workstream umfasst die Validierung des Scopes, die Identifizierung von Anforderungen an detaillierte Geschäftsprozesse, die Fit-Gap-Analyse sowie das funktionale Design der Lösung; außerdem: Konfiguration, Einrichtung und Komponententest des Systems (ohne kundenspezifische Entwicklung) zur Erfüllung der Kundenanforderungen pro Lösungsansatz.

  Zu den Elementen, die konfiguriert werden können, gehören: Formulare, Workflows, Benutzerberechtigungen und -Sicherheit, Screenlayouts, Berichte, Stammdaten-Set-up, Benachrichtigungen etc.

  Zur Erlangung der Kundenakzeptanz und zur Identifizierung der für die nächste Iteration erforderlichen Anpassungen beinhaltet dieser Workstream schließlich nach jedem Iterationszyklus die Demonstration der konfigurierten/entwickelten Lösung für das Kundenprojektteam. Schließlich sind RICEFW-Leistungen und Data-Volume-Management-Inhalte weitere Bestandteile.

Was bedeutet RICEFW?

- **R** = Reports: Berichte und Auswertungen aus dem System
- **I** = Interfaces: Schnittstellen zu externen Systemen
- **C** = Conversions: Konvertierungen zwischen unterschiedlichen Dateiformaten, z. B. für die Migration oder auch im Rahmen der Schnittstellen

- **E** = Enhancements: Erweiterungen, die über das Customizing hinausgehen, also Programmierung erfordern
- **F** = Forms: Formulare, in denen das Layout bestimmter Belege, z.B. von Bestellungen oder Rechnungen, definiert wird.
- **W** = Workflow: Hierbei geht es darum, bestimmte Abläufe im Unternehmen softwaregesteuert zu automatisieren und einen regelkonformen Ablauf sicherzustellen.

- **Application: Testing** – umfasst Teststrategie, Planung und Testfallentwicklung sowie die Durchführung von Integrations-, Performance-, System-, Regressions- und User-Acceptance-Tests.
- **Application: Solution Adoption** – umfasst die Nutzenanalyse, das Organisational Change Management (OCM) und das Endbenutzertraining.
- **Analytics** – Dieser Workstream deckt die analytischen Aspekte eines SAP-S/4HANA-Implementierungsprojekts ab.
- **Application: Customer Team Enablement** – umfasst die Befähigung des Kundenteams, effektiv an dem Projekt zu arbeiten. Dazu gehören die Erläuterung der Standard-Produktausrichtung, um den Kunden auf die Diskussionen zu den Systemanforderungen und das Systemdesign vorzubereiten, sowie Key-User- und Admin-Trainings zur Vorbereitung des Kunden auf die Testfallentwicklung und Testdurchführung. Die Aufgaben führen zu einem vollständigen Enablement des Projektteams.
- **Custom Code Extensions** – umfasst das Design und die Entwicklung von Systemfunktionen, die nicht durch das Standardprodukt bereitgestellt werden können und deshalb individuell entwickelt werden müssen. Anmerkung: Der Schwerpunkt liegt auf der Erweiterbarkeit der Lösung über RICEFW hinaus, welche ja bereits im Workstream »Design Configuration & Integration« behandelt werden.

- **System & Data Migration** – umfasst die Erkennung, Planung und Ausführung der Übertragung von Altdaten auf das neue System sowie deren Archivierung. Dieser Arbeitsablauf beinhaltet außerdem Umstellungsplanung, -vorbereitung, -management und -durchführung von allen Aufgaben zur Überführung des Systems in die neue Produktivumgebung. Dazu gehört auch der Zeitraum der Hyper-Care-Unterstützung kurz nach der Umstellung.
- **Technical Architecture & Infrastructure** – umfasst die Lösungslandschaft, das Bereitstellungskonzept, die Systemarchitektur, das technische Systemdesign, die Umgebung (Entwicklung, Test, Produktion, Failover), das Set-up, die Standards und den Prozess des Technologiebetriebs.
- **Transition to Operations** – umfasst das Aufsetzen und die Einrichtung der Prozesse Helpdesk, Incident Management, Post-go-live Change Management sowie die benutzerbezogenen Betriebsstandards und Prozesse.

Natürlich können Sie Ihr Projekt auch anders zuschneiden. Insgesamt liegt der Schwerpunkt vieler Projekte sicherlich im zweiten Workstream »Application: Design & Configuration«. Meistens werden hier die SAP-Module wie Finanzwesen & Controlling (FI/CO), Fertigung (PP), Beschaffung (MM) oder Vertrieb (SD) dazu verwendet, mehrere Teams parallel arbeiten zu lassen. Dieser Zuschnitt orientiert sich nach wie vor an der Ausbildung der Berater. Denkbar und langfristig erfolgversprechender wäre aus meiner Sicht eine Aufteilung in End-2-End-Prozesse. Dies setzt einerseits voraus, dass die Berater in der Lage sind, den gesamten Prozess im Customizing modulübergreifend einzustellen, erwartet andererseits aber auch auf der Kundenseite eine Organisation, die in der Lage ist, Entscheidungen entlang des Prozesses zu treffen. Häufig ist die Unternehmensaufbauorganisation ebenfalls noch an Abteilungen und nicht am Prozess ausgerichtet.

5 Die Phasen von SAP Activate

Wie im vorangegangenen Kapitel erläutert, sieht SAP Activate eine Gliederung des Projekts in vier Phasen vor. Diesen Kernphasen kann eine sogenannte Discover-Phase vorangestellt sein. Manche Darstellungen werden noch um eine abschließende sogenannte Run-Phase ergänzt. In diesem Kapitel stelle ich Ihnen die sechs potenziellen Phasen im Detail vor.

Die sechs Phasen eines SAP-Activate-Projekts sind im Einzelnen:

- *Discover:* In dieser Phase stellt die SAP dem Kunden eine standardisierte Umgebung aus der Cloud zur Verfügung. Ziel ist es, den Mehrwert von S/4HANA zu erkennen und ggf. auch erste Projektherausforderungen zu erarbeiten.
- *Prepare:* Diese erste Kernphase des Projekts dient der initialen Planung und Vorbereitung. In dieser Phase startet das Projekt, Pläne werden finalisiert, das Projektteam wird besetzt und es werden alle Tätigkeiten für einen optimalen Projektverlauf auf den Weg gebracht.
- *Explore:* Im Verlauf dieser Phase wird eine sogenannte *Fit-Gap-Analyse* durchgeführt, um sicherzustellen, dass die Geschäftsanforderungen erfüllt werden können. Ferner wird hier der endgültige Funktionsumfang der Lösung festgelegt.
- *Realize:* Ziel dieser Phase ist es, mithilfe einer Reihe von Iterationen sowohl das System als auch das Unternehmen inkrementell auf diejenigen Geschäftsszenarien und Prozesse vorzubereiten, die in der vorangegangenen Phase identifiziert wurden. Während dieser Phase werden die Daten migriert, Anpassungen am System vorgenommen und der Betrieb des Systems vorbereitet. Darüber hinaus muss die Kundenorganisation den zukünftigen Aufbau- und Ablauforganisationen entsprechend angepasst werden.

- *Deploy:* Ziel der Deploy-Phase ist der Wechsel zum neuen System. Dazu muss dieses aufgesetzt werden, und die Kundenorganisation muss in der Lage sein, das System zu verwenden und zu betreiben.
- *Run:* Ziel dieser Phase ist es, das System weiter zu optimieren und Prozesse zu automatisieren. Häufig werden parallel zu dieser Phase zusätzliche Projekte zur Verbesserung des Systems vorangetrieben, die im Rahmen der Explore-Phase zurückgestellt worden waren.

Stellt man die Kernphasen Prepare bis Deploy der SAP-Activate-Methode dem in Abbildung 5.2 gezeigten traditionellen Ansatz (z.B. gemäß ASAP) gegenüber, so sind auf den ersten Blick keine großen Unterschiede erkennbar. Erst wenn Sie sich etwas intensiver mit der Methode auseinandersetzen, lernen Sie, dass insbesondere die Explore- und die Realize-Phase iterativ in kurzen Zyklen wiederkehrend durchlaufen werden. In der Grafik ist dies durch die kreisförmig angeordneten Pfeile zwischen den Phasen angedeutet.

So ergibt sich für die vier Kernphasen zwar eine vorgesehene, wasserfallartige Reihenfolge (in der Abbildung in Form von rechtsweisenden Pfeilen dargestellt), darunter ist aber ein stetiges neues Durchlaufen denkbar und üblich. Das heißt, im agilen Ansatz geht man immer wieder zurück und erarbeitet in Zyklen schrittweise das gewünschte Zielsystem, indem man eine Software wiederholt bereitstellt, um sie dann sofort einem Verbesserungszyklus zu unterziehen.

Dieses Vorgehen ist ein möglicher Ansatz, um sich den rasch verändernden Geschäftsanforderungen zu stellen. Im Hinblick auf die bei einer Implementierung teilweise sehr langen Projektlaufzeiten birgt das Wasserfall-Modell das Risiko, dass am Ende des Projekts die Geschäftsanforderungen das im Sollkonzept (Business Blueprint) beschriebene System längst überholt haben.

Abbildung 5.1 erhebt nicht den Anspruch, mit Blick auf die Zeiträume für alle Branchen gleichermaßen gültig zu sein. Dennoch macht sie ein grundlegendes Problem der IT deutlich. Die IT ist vielfach nicht der Katalysator oder Beschleuniger für Geschäftsvorhaben, sondern hinkt in der Realität häufig hinterher.

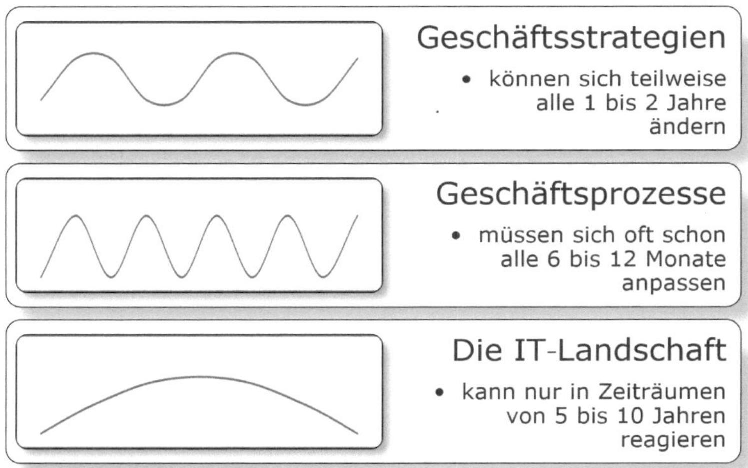

Abbildung 5.1: Business-IT-Lücke

Dazu im Folgenden ein paar Beispiele:

Geschäftsstrategien: Der neue Vorstand strafft die Produktpalette: Die wenig rentablen, in die Jahre gekommenen Teile stößt er ab und kauft stattdessen junge, innovative Start-Up-Unternehmen, um das Unternehmen fit für die Zukunft zu machen. Für das Projekt bedeutet dies, dass ggf. Unternehmensteile oder Produkte, die bisher im Projekt berücksichtigt wurden, plötzlich obsolet werden und dafür andere Unternehmen oder Produkte zu berücksichtigen sind.

Geschäftsprozesse: Durch Veränderungen am Markt sind Anpassungen am Lieferprozess oder an der Lieferkette vorzunehmen. So muss z. B. Ersatz für einen Lieferantenausfall gefunden werden. Dieser neue Lieferant erwartet die Bestellungen oder Daten ggf. in einem bestimmten elektronischen Format, das erst einmal bereitgestellt werden muss, weil es der bisherige Lieferant nicht gefordert hat.

IT-Landschaft: Die IT-Landschaft ist heutzutage bei den meisten Unternehmen sehr schwerfällig und reagiert stets mit Zeitversatz auf das Business. Erinnern Sie sich einfach mal an Ihren letzten Betriebssystem- oder ERP-Wechsel. (Anm. des Autors: Allerdings konnte man in den letzten, durch die Pandemie geprägten Wochen auch erkennen, dass die IT-Abteilungen Digitalisierungsprozesse sehr schnell verwirklichen können, wenn entsprechende Entscheidungen schnell getroffen und die dafür notwendigen Mittel bereitgestellt werden.) Statt IT zu leasen oder zu mieten – selbst für Personal ist das üblich – wird sie häufig gekauft. Wenn man bedenkt, wie kurzlebig IT am Ende ist, wirkt dieses Verhalten mehr als befremdlich. Das gilt für Hardware und Software gleichermaßen. Dies berücksichtigend ergibt sich die Frage, ob das Framework SAP Activate mit seinen Phasen und den agilen Ansätzen Vorteile gegenüber den bisher üblichen Modellen mit wasserfallartigem Vorgehen bietet.

5.1 Wasserfall oder Agil?

In vielen Gesprächen mit Kunden, Mitarbeitern der SAP und Beratern ging es in den vergangenen Jahren um die Frage, welches Projektvorgehensmodell denn nun besser geeignet sei, um ein S/4HANA-Projekt zum Erfolg zu führen: ein wasserfallbasiertes Vorgehen (z. B. ASAP) oder ein agiler Ansatz. Aufgrund der Komplexität solcher Einführungsprojekte bestehen bei manchen alten »Projekthaudegen« Zweifel daran, dass ein agiles Vorgehensmodell dazu geeignet ist, den vielschichtigen Herausforderungen eines solchen Projekts gerecht zu werden. Aus diesem Grund möchte ich die beiden Methoden mit ihren Vorzügen und Nachteilen kurz einander gegenüberstellen.

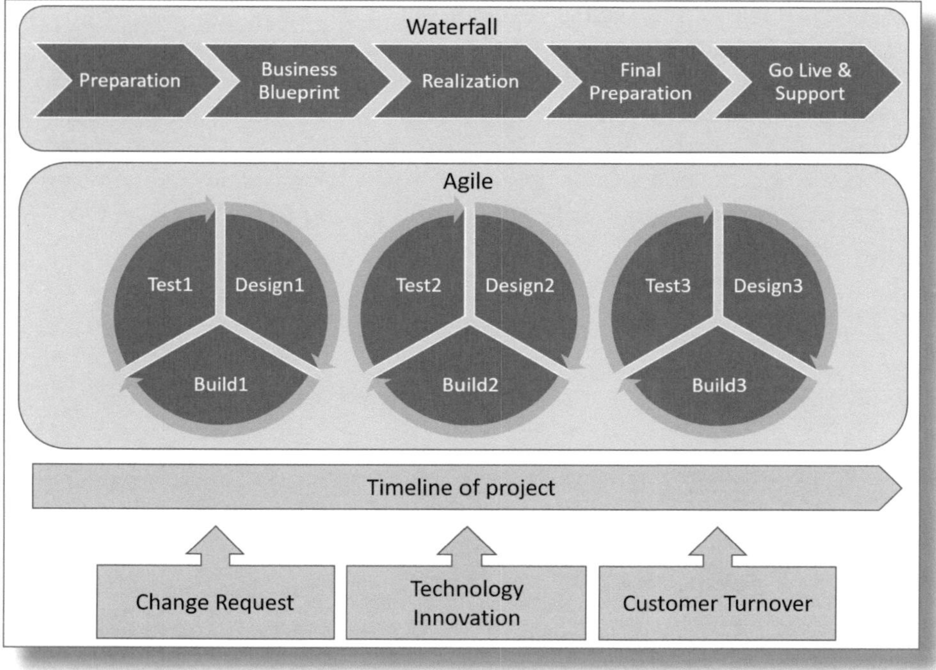

Abbildung 5.2: Agile versus Waterfall

In Abbildung 5.2 dient die Vorgehensmethode ASAP der SAP als Beispiel für das Wasserfall-Modell. Dabei folgen die fünf Phasen einem festgelegten Ablauf, beginnend bei der Projektvorbereitung (Preparation), über die Erarbeitung der Fach- oder Sollkonzepte (Business Blueprint), deren Realisierung (Realization) sowie die Datenmigration und Vorbereitung der neuen Unternehmensabläufe (Final Preparation) bis hin zur produktiven Systemnutzung (Go-live-Support). Sie können sich das in etwa wie einen Wasserfall vorstellen, wobei jede Phase des Modells einer bestimmten Ebene eines mehrstufigen Wasserfalls entspricht. Hat das Wasser eine Ebene (Phase) erfolgreich durchlaufen, gelangt es zur nächsten Ebene. Dabei werden, sofern es nicht ein Vorprojekt zur Erstellung eines Pflichtenheftes gab, spätestens in der Business-Blueprint-Phase der auszuliefernde Umfang und die Funktionalität des Projekts bestimmt. Die Herausforderung bei diesem Vorgehen besteht darin, dass, bedingt durch die lange Laufzeit solcher Einführungsprojekte, manche im Business Blueprint festgelegten Anforderungen nicht mehr stimmen oder sogar obsolet werden. Andererseits kann es sein, dass bestimmte Dinge zum Zeitpunkt der Erstellung noch nicht planbar waren. Ursachen dafür können Veränderungen beim Kunden, technischer Fortschritt oder einfach neue Erkenntnisse sein. Diesem stufigen Vorgehen stellt Abbildung 5.3 ein iteratives Vorgehen gegenüber.

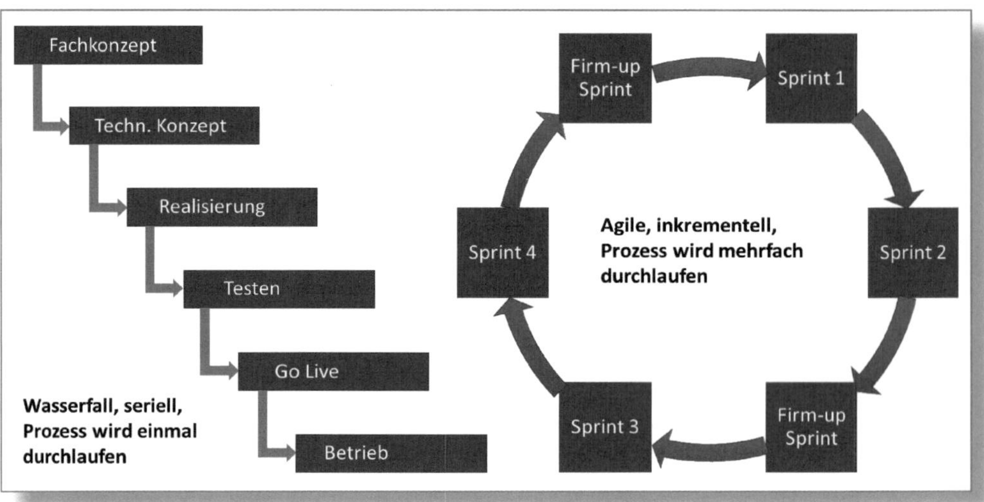

Abbildung 5.3: Agile versus Waterfall – Gegenüberstellung der Phasen

Ein agiles Vorgehen, welches das Gesamtprojekt in viele kleinere Teile zerlegt und auf einen starren Business Blueprint gänzlich verzichtet, ist somit grundsätzlich besser geeignet, auf unvorhergesehene Veränderungen zu reagieren.

Die gewünschten Veränderungen am System werden vom Projektteam im Rahmen eines agilen Vorgehens in kleinen, zeitlich exakt umrissenen Zusammenarbeitsphasen entworfen. Diese Form der Zusammenarbeit mit definiertem Start und Ziel nennt man *Sprint*. Ziel eines jeden Sprints ist es, dem großen Ganzen Stück für Stück näherzukommen.

Definition Sprint

»Ein Sprint ist ein Arbeitsabschnitt, in dem ein Inkrement einer Produktfunktionalität implementiert wird. Er beginnt mit einem Sprint Planning und endet mit Sprint Review und -Retrospektive. Sprints folgen unmittelbar aufeinander. Während eines Sprints sind keine Änderungen erlaubt, die das Sprintziel beeinflussen.« (Frei übersetzt aus »The Scrum Guide« von Ken Schwaber und Jeff Sutherland (*https://www.scrumguides.org/*).

Das Zeitfenster eines Sprints umfasst eine bis vier Wochen. Alle Sprints sollten idealerweise die gleiche Länge haben, um dem Projekt so etwas wie einen Takt zu geben. Ein Sprint wird niemals verlängert, sondern er ist zu Ende, wenn die Zeit um ist. Dabei kann es sein, dass die Ziele des Sprints (teilweise) erreicht oder eben verfehlt werden. Nur im Ausnahmefall kann ein Sprint vom Product Owner (vgl. Abschnitt 12.1.2) abgebrochen werden. Das wird dieser allerdings nur dann machen, wenn sich die Vorgaben durch die Stakeholder dergestalt geändert haben, dass es nicht mehr sinnvoll erscheint, die Sprintziele weiter zu verfolgen.

Das Vorgehensmodell SAP Activate sieht Sprints regelmäßig in zwei Phasen des Projekts vor: zum einen natürlich in der Phase, in der die spezifischen Anforderungen des Kunden im System eingerichtet werden, zum anderen verwenden viele Implementierungspartner diese Technik bereits davor, um ein System für den Kunden aufzusetzen und vorzubereiten, das im Projektverlauf als Grundlage zur Erarbeitung der Kundenanforderungen genutzt wird (*Baseline-System*).

Ich möchte an dieser Stelle schon mal darauf hinweisen, dass diese Lehrbuchmethode sowohl die Beratungen als auch deren Kunden vor Herausforderungen stellt, deren Lösungen nicht immer trivial sind. So sind beispielsweise die öffentliche Hand, aber eben auch viele Unternehmen, verpflichtet, die Vergabe von Projektaufträgen über Ausschreibungen zu realisieren. Daher ist wenigstens ein Lastenheft zu erstellen, damit alle sich auf die ausgeschriebenen Projekte bewerbenden Beratungsunternehmen wissen, was auf sie zukommt.

Aber auch nicht ausschreibungspflichtige Unternehmen wünschen sich häufig eine Fixpreisvereinbarung für die Implementierung. In diesem Fall muss das zu liefernde Werk natürlich auch beschrieben werden. Anders ist eine seriöse Preisermittlung seitens des Beraters nicht möglich. Dies sind nur zwei Beispiele von vielen. Auf einige werde ich im weiteren Verlauf noch eingehen.

In den Phasen ❷ und ❸ bricht SAP Activate das bisherige wasserfallbasierte Modell auf und setzt auf ein inkrementelles Vorgehen in mehreren Zyklen. In Abbildung 5.4 wird dies durch die beiden Kreise zwischen »Solution FIT/GAP« und »Delta Design«, sowie zwischen »Sprint Execution« und »Walkthrough« dargestellt.

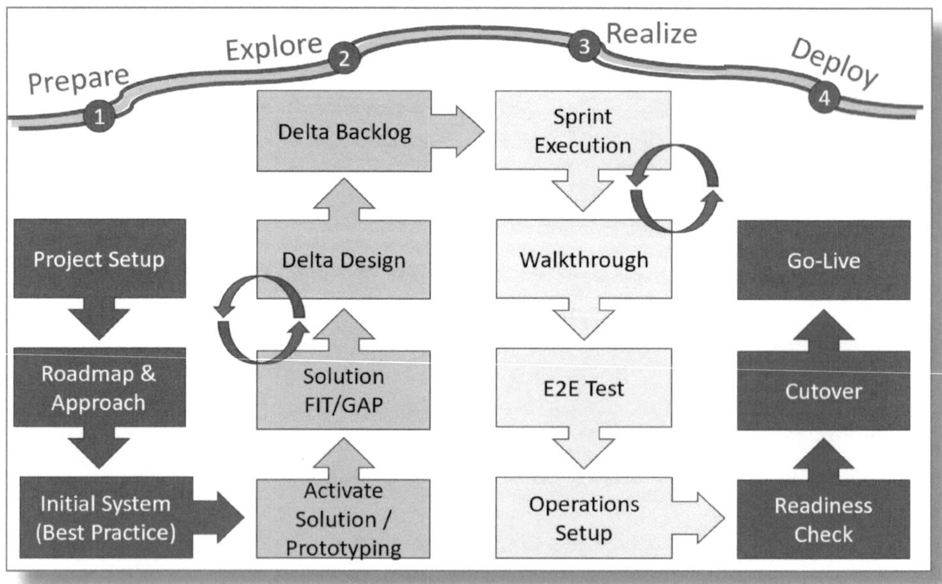

Abbildung 5.4: Beispiel eines Activate-Phasenmodells für die S/4HANA-Implementierung beim Kunden

Der vorgebildete Leser erkennt anhand der Begrifflichkeiten, dass SAP hinsichtlich des Vorgehens und der eingesetzten Tools Anleihen beim Project Management Institute (PMI) nimmt.

So lässt sich der Abbildung entnehmen, dass die erste Phase ohne Probleme auch in ein wasserfallbasiertes Modell gepasst hätte. In den Phasen Explore und Realize verfangen dann agile Methoden. Dies muss bereits im Detail in der ersten Phase Berücksichtigung finden: Die Projekttools und die Governance, die in der Prepare-Phase aufgesetzt werden, müssen zur gewählten Methode passen. Im Anschluss an das iterative Vorgehen während der dritten Phase folgen der End-to-End-Test (E2E-Test) genauso wie der User-Acceptance-Test (UAT, in Abbildung 5.4 nicht dargestellt). Diese Projektaufgaben gab es ebenfalls und in absolut vergleichbarer Weise in den traditionellen Vorgehensmodellen. Auch Phase ❹ würde in einem wasserfallbasierten Vorgehen kaum anders aussehen.

Insofern verknüpft SAP Activate in Abhängigkeit vom Stand des Projekts das Beste aus beiden Modellen zu einem eigenständigen, aber für alle von der SAP angebotenen Softwareprodukte gleichermaßen geeigneten, hybriden Modell.

Wie bereits erwähnt, wird von der SAP für eine On-Premise-Installation nach wie vor auch ein rein wasserfallbasiertes Vorgehensmodell angeboten. Wer also behauptet, SAP Activate sei immer ein agiles Projektvorgehen, der irrt. Zweifelsohne ist die agile Implementierungsmethode aber die derzeit favorisierte. Damit trägt die SAP der Tatsache Rechnung, dass einige Kunden nicht für ein agiles Vorgehen zu gewinnen sind, auch wenn inzwischen seitens der SAP das agile SAP Activate klar bevorzugt wird. Dennoch ist für das Wasserfallvorgehen alles vorhanden, wie etwa an Abbildung 5.7 abzulesen ist.

5.2 Iteratives Vierphasenmodell mit unterschiedlichen Roadmaps am Beispiel SAP S/4HANA

Wie soeben erläutert, eignet sich SAP Activate zwar für eine ganze Reihe von SAP-Produkten, in diesem Buch möchte ich mich jedoch im Folgenden ausschließlich auf die Implementierung von SAP S/4HANA beschränken.

SAP stellt den Kunden unterschiedliche Roadmaps für die Implementierung der Software zur Verfügung. Dies passiert online im sogenannten *Roadmap Viewer* (siehe Abbildung 5.5 und Abschnitt 11.3).

Dort finden Sie für Ihr Projekt die jeweils geeignete Roadmap: *https://go. support.sap.com/roadmapviewer/*

Beachten Sie bitte, dass Sie dafür einen Zugang bei der SAP beantragen müssen.

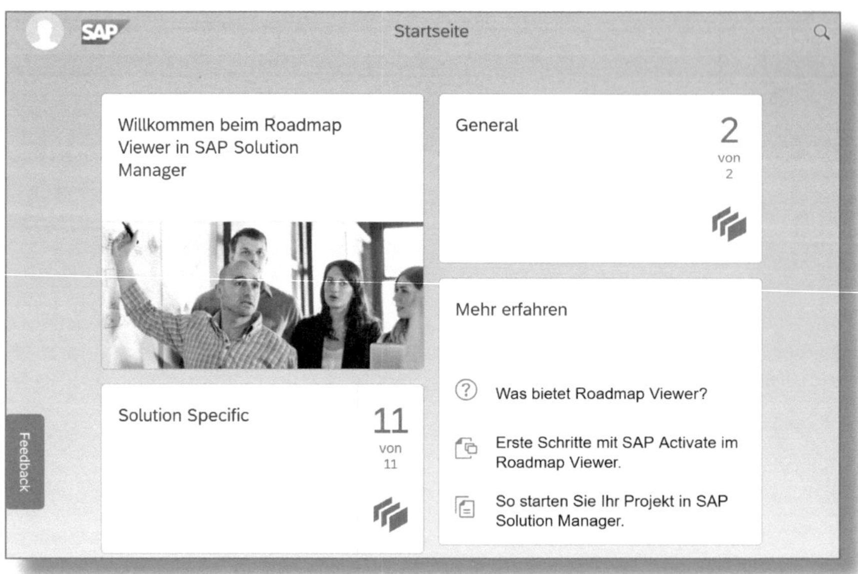

Abbildung 5.5: Roadmap Viewer, Startseite

Die schlichte Startseite mit nur vier Kacheln vermag darüber hinwegtäuschen, dass inhaltlich eine ganze Menge Stoff insbesondere hinter der zweiten und dritten Kachel zu finden ist. Zum derzeitigen Stand (November 2020) gibt es unter der zweiten Kachel zwei Roadmaps:

- SAP Activate Methodology for New Cloud Implementations (Public Cloud-general)
- SAP Activate Methodology for Business Suite and On-Premise- Agile and Waterfall

Hinter der dritten Kachel findet man dann eine Reihe lösungsspezifischer Roadmaps, z. B. zur Implementierung von SuccessFactors oder der SAP Analytics Cloud, sowie einige andere Produkte der SAP. Es darf wohl davon ausgegangen werden, dass diese lösungsspezifischen Roadmaps noch ergänzt werden.

Nachfolgend wollen wir uns der Reihe nach die unterschiedlichen Phasen mit ihren jeweiligen Arbeitspaketen etwas genauer ansehen. Als Beispiel soll die Roadmap für eine On-Premise-Installation gelten (die auch in der HANA Enterprise Cloud erfolgen kann). Ich denke, es ist gut vorstellbar, dass diese anders aussieht als eine Roadmap für eine S/4HANA-MTE-Installation, bei der ein weitgehend standardisiertes SAP implementiert wird. Die Roadmap leitet das Projektteam grundsätzlich mit einem agilen, mit SAP Activate in Einklang befindlichen Ansatz durch die Einführung von SAP S/4HANA. Die für die Einführung passenden Beschleuniger finden Sie, wenn Sie sich nach dem Klick auf die Kachel General (siehe Abbildung 5.5) für die Methode »SAP Activate Methodology for Business Suite and On-Premise- Agile and Waterfall« entscheiden (siehe Abbildung 5.6). Die Beschleuniger sind in den Phasen mit den relevanten Deliverables und Aufgaben verknüpft, sodass sie immer genau dann verwendet werden können, wenn sie gerade benötigt werden. Darüber hinaus können Sie so gezielt nach den Tätigkeiten desjenigen Teams (Workstreams) suchen, dem Sie zugeteilt sind. Die entsprechenden Beschleuniger sind innerhalb der Phasen alphabetisch geordnet.

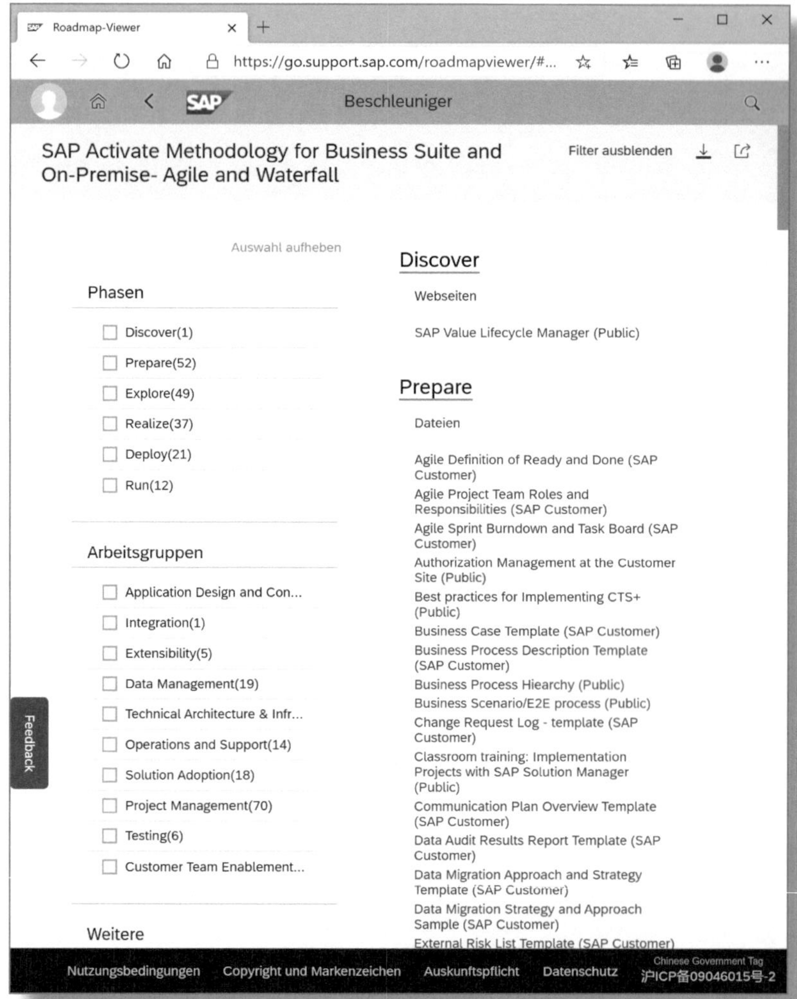

Abbildung 5.6 Beschleuniger auswählen

Möchten Sie Ihr Projekt nicht agil, sondern in einem wasserfallbasierten Ansatz durchführen, so können Sie ein Flag setzen, sodass Ihnen nur noch die dafür relevanten Beschleuniger angeboten werden. Scrollen Sie dazu im Bildschirm bis Weitere und wählen Sie dort die gewünschte Methode (siehe Abbildung 5.7).

Abbildung 5.7: Agil oder Wasserfall

Nachfolgend stelle ich Ihnen die Phasen der Roadmap mit ihren Tasks vor, wie sie von der SAP derzeit angegeben werden. Ich habe an einigen Stellen Tasks ergänzt und diese in den Abbildungen kursiv dargestellt (etwa in Abbildung 5.8 das Simulation Game zur Discover-Phase). Die meisten dieser Tasks sind natürlich optional. Allerdings kann ich sagen, dass ich mit ihnen gute Erfahrungen gemacht habe. Wir werden zunächst die Discover-Phase und dann die Run-Phase untersuchen, um uns anschließend etwas intensiver den vier Kernphasen zuzuwenden.

5.2.1 Vorprojekt (Discover)

Um diese Phase erfolgreich abzuschließen, gilt es zwischen dem Kunden und den beteiligten Partnern folgende Punkte zu vereinbaren:

- den Umfang der Implementierung
- die Zeitplanung des Projekts
- das angestrebte Lösungsmodell

Die entsprechenden Tasks der Phase sind verschiedenen Teams zugeordnet. Dabei fällt auf, dass das Projektmanagement in dieser Phase noch keine Tasks übernimmt. Dies hat zwei wesentliche Ursachen: Zum einen sind die Stakeholder noch nicht bekannt. Davon wird aber möglicherweise der geeignete Project Manager (siehe Abschnitt 12.1.3) abhängen. Zum anderen gibt es in dieser Phase die Möglichkeit, das Projekt noch zu stoppen, weil beispielsweise in der Implementierung nicht hinreichend Mehrwert erkannt wird.

Simulation Game

Ein wichtiger Punkt ist in jedem Fall, dass der Kunde ein System zu Gesicht bekommt und im Idealfall auch schon mal testen kann. Ein möglicher Bestandteil dessen ist das *Simulation Game (SimGame)* – eine aus meiner Sicht in vielen Projekten verpasste Chance.

Es geht dabei darum, dass unterschiedliche Mitarbeiter des Unternehmens gemeinsam in Gruppen, die miteinander im Wettbewerb stehen, das SAP-S/4HANA-System und seine Oberfläche kennenlernen. So können beispielsweise Beschaffungsszenarien und Verkaufsprozesse in kleinen Gruppen simuliert werden. Dazu nehmen alle am Spiel beteiligten Mitarbeiter bestimmte Aufgaben (Rollen) wahr. Es können Mindest- und Reservebestände gepflegt werden, Marketingbudgets den Absatz beeinflussen, sich die Beschaffungspreise ändern usw. Gespielt wird in mehreren, zeitlich genau limitierten Runden. Nach jeder Planungsrunde reagiert der Markt, und es geht mit angepassten Märkten in die nächste Runde.

Natürlich kann man diese spielerische Annäherung an das S/4HANA-System leichtfertig abtun, und es sollte selbstverständlich nicht die einzige Maßnahme sein. Allerdings möchte ich zu bedenken geben, dass es eine herausragende Möglichkeit ist, das System sehr vielen Mitarbeitern an nur einem Tag vorzustellen. Der positive Effekt, der sich aus dieser breiten Systembetrachtung innerhalb des Unternehmens ergibt, kann kaum überbewertet werden. Aus meiner Sicht kann man mit dem SimGame bereits den Boden für die anstehenden Veränderungen bereiten, die durch die spielerische Herangehensweise zudem positiv belegt sind.

In der Vergangenheit durfte ich einige Unternehmen beobachten, die das SimGame zu einem sehr frühen Projektzeitpunkt gespielt haben. In all diesen Unternehmen war anschließend die Bereitschaft, sich auf das S/4HANA einzulassen, auffällig hoch. Sicherlich ist das noch kein statistischer Beweis, aber zumindest ein starkes Indiz, dass hier einen Zusammenhang besteht. Außerdem kann die Offenheit für ein gemeinsames Spielen und diese positive Form des Miteinanders in das Projekt mitgenommen werden. Deshalb habe ich diesen Punkt der offiziellen SAP-Roadmap hinzugefügt (siehe Abbildung 5.8).

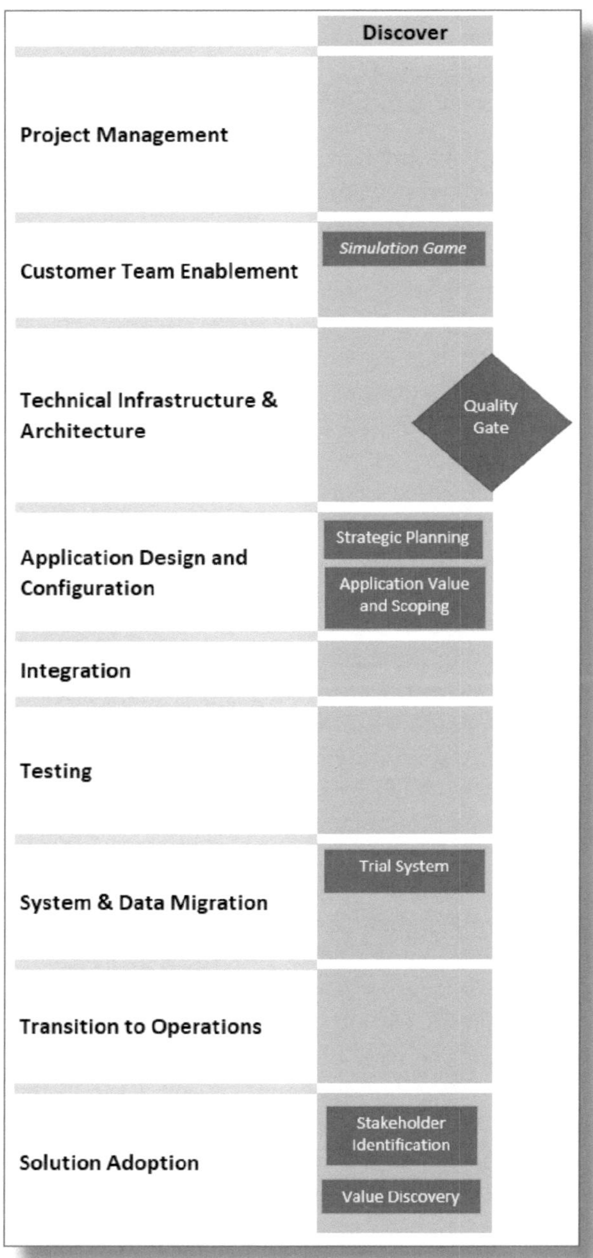

Abbildung 5.8: Discover-Roadmap

Für viele Kunden ist es in dieser Phase des Projekts essenziell wichtig, das neue System über das SimGame hinaus genauer in Augenschein nehmen zu können. Dazu gibt es verschiedene Möglichkeiten:

- **Model Company:** Was ist das und wem nützt das?
  Um diese Frage zu beantworten, möchte ich kurz erläutern, wie Model Companies aufgesetzt werden. Wer die Produkte der SAP schon seit geraumer Zeit verfolgt, kennt möglicherweise die *SAP-Best-Practices*-Konfigurationen, die bereits seit vielen Jahren in bestehenden ECC-SAP-Kernlandschaften installiert werden können. Durch die Verwendung der Best Practices können Teile der SAP-Konfiguration beschleunigt werden. Eine ganze Reihe von Partnern der SAP hat ihre Lösungen darauf aufgebaut, und die SAP zertifizierte einen Teil dieser Lösungen. Auf der Grundlage dieses erfolgreichen Modells unternahm SAP den nächsten Schritt und begann mit der Veröffentlichung sogenannter *Rapid Deployment Solutions (RDS)*, die komplette End-to-End-Geschäftsszenarien bildeten (das, was heute in einer agilen Welt von allen als »Use Case« oder »User Story« bezeichnet wird). Kunden konnten mehrere RDS aneinanderreihen, um ihre Projekte und Programme weiter zu beschleunigen. Parallel dazu baute SAP auch ihr Global Template auf, durch das verschiedene rechtliche und regulatorische Anforderungen für globale Unternehmen abgedeckt werden. Der nächste und logische Schritt bei der Entwicklung dieser vorgefertigten Lösungen liegt nun in Form der *Model Company (MC)* vor. Diese MCs sind komplette End-to-End-Branchenlösungen, welche dem Kunden, je nach Grad der Anpassung an die Bedürfnisse des Unternehmens, als praktikables Basissystem oder als Referenzmodellsystem dienen können. Ehrlicherweise muss man sagen, dass derzeit einige dieser MC-Lösungen ausgereifter sind als andere, sodass Kunden diese auf Grundlage der Übereinstimmung mit ihren Anforderungen und ihrem Geschäftswert sorgfältig prüfen sollten. Sowohl die Best Practices als auch die SAP Model Companies finden Sie unter folgendem Link: *https://rapid. sap.com/bp/.*

- **Testsystem:** Auch ein Testsystem kann den Kunden zur Verfügung gestellt werden. Insbesondere, wenn noch keine Erfahrungen im Umgang mit SAP Fiori, also der kachelbasierten Oberfläche, vorhanden sind, empfiehlt es sich, für die ersten Schritte Hilfe hinzuzuziehen. Diese kann vom Systemanbieter kommen oder aber von beliebigen anderen Personen, die über einen entsprechenden Erfahrungsschatz verfügen. Testsysteme sind häufig dann eine präferierte Lösung, wenn zunächst eine bestehende SAP-Landschaft im Kompatibilitätsmodus auf die HANA-Datenbank umgezogen wurde und es dann um das Kennenlernen der S/4HANA-Möglichkeiten geht.

Egal wie die Systemumgebung aussieht: Wenn dieses Probieren gut begleitet wird, dürfte es in jedem Fall – auch mit Blick auf die Solution Adoption – positive Effekte erzielen, da der Boden für den Systemwechsel positiv bereitet wird.

In Kapitel 12 über die Rollen und Verantwortlichkeiten werde ich noch eine Besonderheit herausarbeiten, die sich in Abbildung 5.8 ebenfalls andeutet: Es geht um das hohe Maß an Eigenständigkeit der eigentlichen Workstreams (Teams). Am Beispiel des Workstreams »Application Design and Configuration«, das bereits vor der Einrichtung des Workstreams »Project Management« tätig wird, ist ablesbar, dass dieses agile Vorgehensmodell einen anderen Führungsstil zugrunde legt als traditionelle Projektmodelle, die ohne Leitung nicht vorstellbar sind. Die SAP sieht in dieser Roadmap für das Projektmanagement jedenfalls noch keine wesentlichen Aufgaben vor.

Ziel der Discover-Phase ist es also, die Lösung kennenzulernen und daraus den Mehrwert für das Geschäftsmodell des Kunden abzuleiten. Hieraus ergibt sich wiederum die Implementierungsstrategie.

Deliverables der Discover-Phase

Deliverable	Verantwortlicher Workstream
Strategische Planung	Kein Workstream, da noch nicht gestartet. In der Regel ist der Projektsponsor hier maßgeblich
Bestimmen des Mehrwerts der Lösung und Scoping	s. o.
Bereitstellung von Testsystemen	Architektur und Infrastruktur
Identifizierung von Stakeholdern	Solution Adoption
Bekanntgabe des Projekts	Solution Adoption

Tabelle 5.1: Deliverables und Verantwortliche der Discover-Phase

Ich möchte an dieser Stelle nochmals zum Umdenken anregen. Nur vordergründig handelt es sich um ein technisches Projekt (Implementierung von SAP S/4HANA). Eigentlich ist die Einführung eines solchen Systems ein Change-Projekt! Es geht darum, herauszuarbeiten, welchen Mehrwert die Implementierung für das Geschäftsmodell generieren soll und wie. Erkennt man dies an und akzeptiert, dass damit fast immer auch die Aufbau- und Ablauforganisation zur Disposition stehen, dann wird deutlich, warum in dieser Phase bereits der Workstream »Solution Adoption«, aber kein Projektmanagement notwendig ist. Ich lege unseren Kunden an dieser Stelle stets nahe, bereits jetzt den vorgesehenen Projektleiter mit diesen Aufgaben zu betrauen. Auf diese Weise wächst er von Beginn an in das Projekt und erkennt auch die Anforderungen auf diesem Gebiet, die später im technisch getriebenen Implementierungsalltag gerne auf der Strecke bleiben – und dann leider oft Gründe für das Scheitern der Projekte liefern.

5.2.2 Betrieb (Run)

Bevor wir uns mit den Kernphasen des Projekts auseinandersetzen, soll hier noch kurz auf die Betriebsphase *Run* eingegangen werden, deren Roadmap Abbildung 5.9 zeigt.

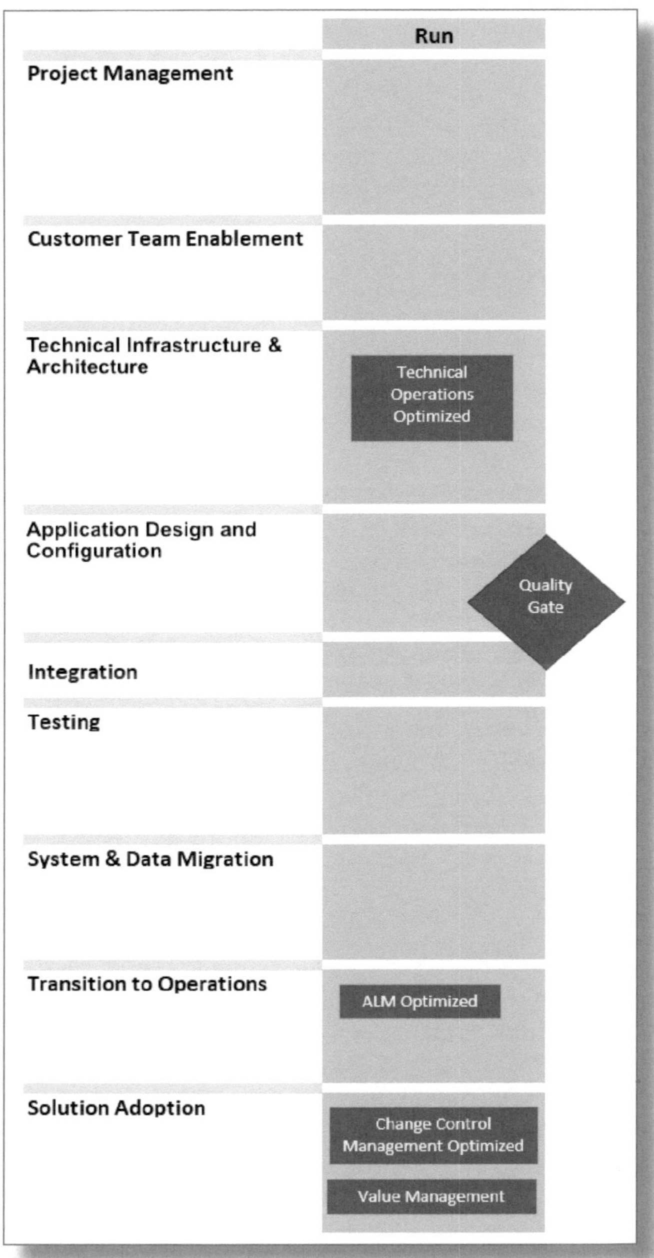

Abbildung 5.9: Roadmap der Run-Phase

Wie bereits erläutert, gehört Run im engeren Sinne nicht mehr zu den Projektphasen. Dennoch kann es für den Projekterfolg maßgeblich sein, diesen Zeitraum stets im Auge zu behalten. Schließlich liegt hierin das eigentliche Ziel des gesamten Projekthandelns: Das neue System zu betreiben, um damit die in der Discover-Phase erwarteten Mehrwerte für das Unternehmen zu erzielen. Es lohnt sich, dabei auch folgende Aspekte im Hinterkopf zu behalten.

Nach dem Go-live ist vor dem Go-live! Jede Applikation wird sich im Laufe der Zeit weiterentwickeln. Es dürfte im Allgemeinen vorteilhaft sein, diesen stetigen Veränderungsprozess mittels *Application Lifecycle Management (ALM)* geregelt in den Fokus zu nehmen, statt ihn einfach geschehen zu lassen. Dadurch ist er besser steuerbar.

Ferner sind nach Abschluss des Projekts häufig andere Mitarbeiter damit befasst, das im Projekt erarbeitete System zu supporten. Dafür bedarf es einer entsprechenden Übergabe an dieses Team, und die Qualität der Systembetreuung sollte überwacht werden.

Der Zweck dieser Phase ist die weitere Optimierung und Automatisierung des Betriebs der Lösung. So müssen die unterschiedlichen Support-Level ebenso sichergestellt werden wie eine gute Verfügbarkeit und eine ausreichende Performance. Daneben geht es aber eben immer auch darum, eine Lösung kontinuierlich weiterzuentwickeln, sie an die sich ändernden Anforderungen des Business anzupassen und somit Sorge dafür zu tragen, dass die Software das Geschäft des Kunden optimal unterstützt.

Gerade bei agil durchgeführten Implementierungen gehört oftmals eine schnelle Bereitstellung von SAP S/4HANA zu den Prioritäten des Projekts. Dies führt sehr häufig dazu, dass im Rahmen des ersten Releases beim Funktionsumfang Abstriche zugunsten der Implementierungsgeschwindigkeit in Kauf genommen werden. Daraus ergibt sich folglich, dass die Lösung während des Betriebs kontinuierlich weiterentwickelt werden muss, um die zunächst zurückgestellten Funktionen nach und nach anzubieten. Mitunter erfolgt dies erneut als Projekt nach dem gleichen Vorgehensmodell.

Dieses schnelle, aber eben weniger umfangreiche Implementierungsvorgehen, kennzeichnet nach meinem Dafürhalten die besonders erfolgreichen Implementierungen. Anerkennend, dass sich die Konjunktur und die wirtschaftlichen Rahmenbedingungen stetig verändern und somit auch das Unternehmen einem ständigen Wandel unterzogen ist, versucht man gar nicht erst den ganz großen Wurf, sondern verwirklicht stattdessen das Machbare, um dieses dann ständig zu verbessern.

In den Monaten von Covid-19 haben wir in vielen Unternehmen ein solch angepasstes Verhalten beobachten können. Und schon im letzten Jahrtausend rief der Vertreter einiger Kleinaktionäre dem Vorstand einer großen deutschen Unternehmung auf die x-te Ankündigung, den Konzern auf Kurs zu bringen habe gerade Priorität, sinngemäß zu: »Seit Jahren reden Sie davon, den Tanker auf Kurs zu bringen! Aber irgendwann muss er ja mal losfahren! Erst dann wird der Tanker überhaupt steuerbar sein.«

Deliverables der Run-Phase

Deliverable	Verantwortlicher Workstream
Betriebsreife überprüfen	Operations and Support
Dokumentation von System und Prozessen überprüfen	Operations and Support
Lösung kontinuierlich verbessern	Operations and Support
Template Management optimieren	Operations and Support
Testmanagement optimieren	Operations and Support
Change Control Management optimieren	Operations and Support
technischen Betrieb optimieren	Architektur and Infrastruktur
Geschäftsprozesse optimieren	Operations and Support
Systempflege optimieren	Operations and Support
Upgrades optimieren	Operations and Support
Mehrwerte managen	Solution Adoption

Tabelle 5.2: Deliverables und Verantwortliche der Run-Phase

Alle in Tabelle 5.2 aufgeführten Deliverables sind im Grunde dauerhafte Tätigkeiten, denn zunächst geht man ja davon aus, dass ein solches System fortdauernd betrieben werden soll. Die Tabelle weist dafür den Fachbereich »Operations and Support« als verantwortlichen Workstream aus. Dennoch wird es in der Realität – abweichend von der Tabelle – häufig weitere Beteiligte und mitunter auch Verantwortliche geben. Inwiefern beispielsweise die Geschäftsprozessoptimierung von besagtem Fachbereich verantwortet werden sollte, kann sicherlich diskutiert und in Ihrem Unternehmen auch abweichend bewertet werden. Sinngemäß gilt das Gesagte genauso für alle anderen Workstreams. Wichtig ist im Grunde, dass die Run-Phase im Projekt mit vorgedacht wird. Dadurch ist sichergestellt, dass einerseits geklärt ist, an welche Bereiche im Unternehmen die Projektergebnisse übergeben werden, dies andererseits eben auch rechtzeitig vom Projekt eingefordert wird, falls dafür organisatorische Änderungen im Unternehmen vonnöten sind.

6 Prepare-Phase

Konnten sich der Softwareanbieter und der Kunde in der Discover-Phase verständigen, indem sie sich auf den Umfang und die Ziele des Projekts geeinigt haben, so geht es nun in der ersten Kernphase des eigentlichen Projekts darum, diesem Leben einzuhauchen. Genau dies passiert in der Prepare-Phase.

Ziel dieser Phase ist es, die erste Planung und Vorbereitung des Projekts zu übernehmen: Die Pläne werden finalisiert, das Projektteam wird eingesetzt, und es wird an einem möglichst optimalen Start gearbeitet. Wie schon erwähnt, verzichten einige Unternehmen auf die Discover-Phase, sodass in diesem Fall das Projekt erst hier beginnt.

Machen Sie sich zunächst wieder mit der in Abbildung 6.1 gezeigten Roadmap der Prepare-Phase vertraut.

Die wichtigen Aktivitäten in dieser Phase sind:

- Definieren Sie Projektziele, einen groben Umfang und einen Projektplan.
- Identifizieren und quantifizieren Sie die Ziele des Unternehmens. Welchen Mehrwert möchten Sie mit dem Projekt erzielen?
- Versichern Sie sich der Unterstützung der Unternehmensleitung.
- Etablieren Sie Projektstandards, die Projektorganisation und die Projekt-Governance.
- Definieren Sie die Implementierungs- und Upgrade-Strategie und lassen Sie diese genehmigen.
- Definieren Sie die Rollen und Verantwortlichkeiten im Projektteam.

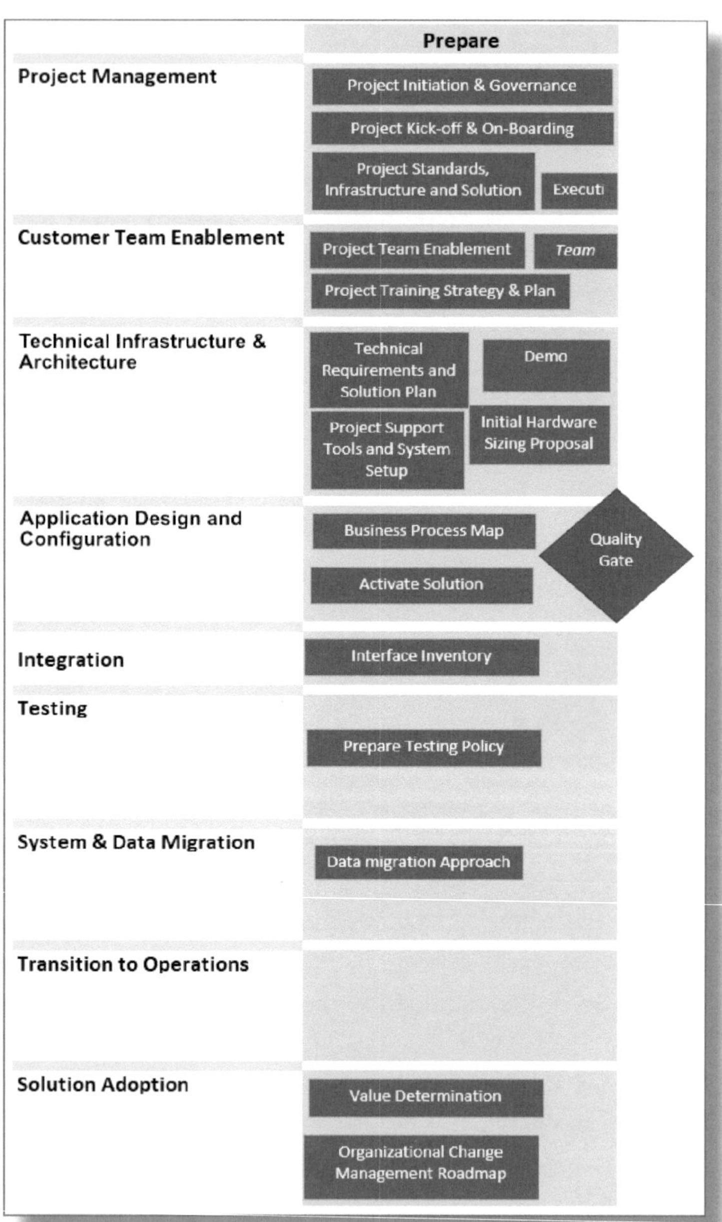

Abbildung 6.1: Roadmap der Prepare Phase

- Validieren Sie die Projektziele.
- Entwickeln Sie eine Trainingsstrategie für das Projektteam und beginnen Sie die Projektteamtrainings.
- Etablieren Sie das Projektmanagement sowie Tracking- und Reporting-Mechanismen.
- Dokumentieren Sie alle Einführungsaktivitäten.
- Nehmen Sie eine Vorkonfektionierung (oder den Aufbau) der Projektumgebung, der Infrastruktur und der IT-Systeme – ggf. einschließlich des SAP Solution Managers – vor.
- Bereiten Sie die Explore-Phase vor.

Die bisher durchgeführten Projekte zeigen, auf welche Punkte in dieser Phase das Augenmerk gelenkt werden sollte. Wie alle ERP-Implementierungen ist auch die Einführung von S/4HANA für die meisten Unternehmen ein Projekt, das bereits aufgrund seiner Kosten und seiner weitreichenden Auswirkungen auf allen Ebenen des Unternehmens verankert werden sollte. Dazu gehört auch das Top-Management. Ein latentes Risiko liegt darin begründet, dass viele Manager des Top-Managements in der Vergangenheit zwar Erfahrungen mit wasserfallbasierten Projekten sammeln konnten, aber nur im Ausnahmefall mit der agilen Projektmethodik vertraut sind. Insofern kann es ratsam sein, nicht nur das Projektteam mit diesen Methoden vertraut zu machen, sondern insbesondere auch die Unternehmensleitung. Oft ist auf dieser Ebene nicht bekannt, dass bei diesem Projektvorgehensmodell folgende Aussagen des agilen Manifestes im Vordergrund stehen:

- Individuen und Interaktionen stehen über Prozessen und Werkzeugen.
- Funktionierende Software steht über einer umfassenden Dokumentation.
- Zusammenarbeit mit dem Kunden steht über der Vertragsverhandlung.
- Reaktion auf Veränderung steht über dem Befolgen eines Plans.

Insbesondere der *Greenfield Approach*, gepaart mit dem häufig geäußerten Wunsch, möglichst nah am Standard des Systems zu bleiben, stellt nahezu jede Kundenorganisation vor immense Herausforderungen! Der Versuch, nah am Standard zu bleiben, kann, wie bereits in der Einleitung geschildert, regelmäßig nur mit einem Umbau der Aufbau- und Ablauforganisation beantwortet werden (OCM).

Die Business-Szenarien und einzelnen Prozesse des Unternehmens müssen an die Standards der Software angenähert werden. Dies erfordert eine umfangreiche Aufmerksamkeit des Managements.

Auch das Projektvorgehensmodell ist nicht allen Managern sofort eingängig:

- Teams, die sich selbst organisieren
- stetige Anpassung des Projektumfangs und der genauen Projektinhalte durch regelmäßiges Neupriorisieren im Projekt nach den Erfordernissen des Unternehmens
- lebendige Fehlerkultur
- ständiges Lernen und Erfahrungsaustausch als Bestandteil des Projekts

Das Management sollte also darauf vorbereitet sein, ggf. eine angepasste Führungskultur, eine geänderte Projektkultur und den Umbau des Unternehmens in Kauf zu nehmen. Kurz und knapp: neue Software, neue Prozesse, neues Projektvorgehensmodell. Das braucht exzellente Führung.

Ein besonderer »Aufreger« im Rahmen des Projektvorgehens ist in dieser Phase gerne das Fehlen von Fachkonzepten oder eines Business Blueprints. Auf die aufwendige Erstellung von Lasten- oder Pflichtenheften wird eben verzichtet. Diese Werkzeuge traditioneller Projektvorgehensmodelle werden dadurch ersetzt, dass der Kunde im Rahmen des Projekts selbst Verantwortung für die zu implementierende Software übernimmt. Er definiert in einem ständigen, das Projekt begleitenden Priorisierungsprozess, welche Funktionalitäten es in das jeweilige Release schaffen. Die so gewonnene Flexibilität, stets noch

Anforderungen formulieren zu können, ohne damit automatisch einen Change Request für das Projekt zu verursachen, wird mit gestiegener Verantwortung durch das sogenannte *Product Ownership* »bezahlt« (vgl. auch Abschnitt 2.2).

In meiner beruflichen Vergangenheit habe ich oft die Aufgabe übernommen, andere Menschen zu qualifizieren. Insofern ist es für mich eine Herzensangelegenheit, an dieser Stelle zu Qualifizierungsmaßnahmen für die bevorstehenden Aufgaben aufzufordern. Ich beschränke mich hier auf das Angebot der SAP:

- Präsenzschulungen im Software-Standard
- kundenindividuelle Schulungen durch die SAP Education
- Aufzeichnung von Trainingsmaterial mit Enable Now
- der SAP Learning Hub
- Agile Coaches

Nutzen Sie die Möglichkeiten! Sie haben sich sinnbildlich für den Formel-1-Boliden unter den ERP-Systemen entschieden. Nun benötigen Sie auch einen Piloten und eine Crew, die diese moderne Maschine und deren Potenzial auf die Strecke bringt. Anders ausgedrückt: Von einer Linienfluggesellschaft erwarten Sie ja auch einen ausgebildeten Piloten im Cockpit und keinen Menschen, der lediglich weiß, wie man Mofa fährt. Bilden Sie Ihre Crew aus!

Am Ende dieser Phase sollten Sie schließlich Zugriff auf ein System haben, in dem Sie im Ansatz Ihr zukünftiges Unternehmen wiedererkennen. Dies könnte bei einem Greenfield Approach ein System sein, das Sie weitgehend aus Best-Practice-Szenarien der SAP generiert haben oder das aus einer bestehenden Model Company entwickelt wird. Die verfügbaren Optionen finden Sie unter dem nachstehenden Link:

https://rapid.sap.com/bp/

Dieser Link hält eine größere Informationstiefe bereit, wenn Sie sich mit einem S-User angemeldet haben. S-User vergibt die SAP an

Kunden und Unternehmen, die sich bereits in fortgeschrittenen Verhandlungen zum Projekt befinden. Auch die Partner der SAP, genauer gesagt deren Berater, haben üblicherweise S-User.

Wie Sie der Roadmap in Abbildung 6.1 entnehmen können, existiert zu diesem Zeitpunkt bereits eine Vielzahl von Workstreams, die aktiv am Projekt mitwirken. Ich möchte darüber hinaus einige Beschleuniger für diese Phase hervorheben, die die SAP den Kunden z. B. über den in Abschnitt 5.2 erwähnten Roadmap Viewer bereitstellt. Dabei beschränke ich mich auf die Beschleuniger, mit denen Kunden von mir oder ich selbst gute Erfahrungen gemacht haben. Dies bedeutet nicht, dass die übrigen Beschleuniger nicht ebenfalls zu Ihrer konkreten Anforderung passen könnten. Ich kenne nur kein Unternehmen, das im Laufe einer Implementierung von allen Beschleunigern Gebrauch gemacht hat; in der Regel wird eine Auswahl getroffen (siehe Abbildung 6.2).

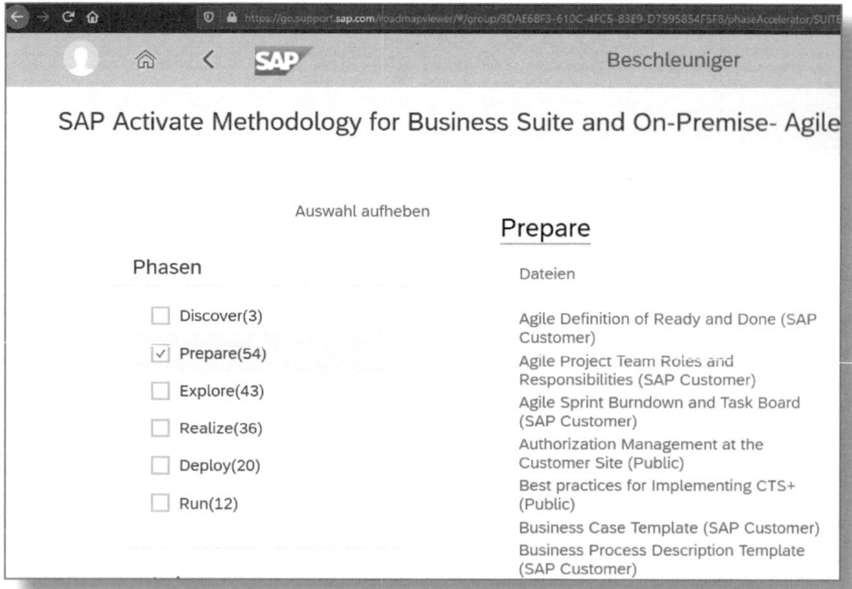

Abbildung 6.2: Auswahl der Beschleuniger im Roadmap Viewer

Meinen Kunden lege ich stets nahe, in dieser Phase bereits ein großes Augenmerk auf das *Organisational Change Management (OCM)* zu legen, zu dem einige Beschleuniger angeboten werden. Wenn es nicht bereits geschehen ist, gilt es jetzt, die Risiken aufzulisten. Dafür gibt es ein Excel-Template, ebenso wie für die ggf. erforderlichen Schnittstellen. Es erspart Ihnen viel Ärger, schon in dieser Phase einen Blick auf die Q-Gates und die dazugehörigen Beschleuniger zu werfen. Den (Excel)-Fragebogen, der sich mit dem Testing beschäftigt, möchte ich ebenfalls nicht unerwähnt lassen.

Kurzum, egal welche Rolle Sie in dem Projekt haben, Sie werden den einen oder anderen Beschleuniger finden, der Ihnen, wenn Sie ihn nicht »out of the box« nutzen können, mit hoher Wahrscheinlichkeit wenigstens Anregungen für Ihren Werkzeugkoffer geben wird.

Wirklich kein Blueprint?

Da sich viele Unternehmen damit schwertun, vom Business Blueprint loszulassen, lege ich das Ausfüllen der Templates (*https://support.sap.com/content/dam/SAAP/SAP_Activate/TA_07.docx*) für die Business-Szenarien nahe. Zwar ersetzen die ausgefüllten Templates keinen vollständigen Blueprint, aber Sie erhalten ein gutes Gefühl dafür, wohin die Reise geht.

Nehmen Sie sich also Zeit und rufen Sie gemäß Abbildung 6.2 diejenigen Beschleuniger auf, die Ihren Arbeitsbereich betreffen. Dazu gehen Sie wie folgt vor:

- Rufen Sie den Roadmap Viewer auf: *https://go.support.sap.com/roadmapviewer/.*
- Wählen Sie auf der Startseite (Abbildung 5.5) die zu Ihrem Projekt passende Roadmap aus (z. B. Kachel GENERAL • SAP ACTIVATE METHODOLOGY FOR BUSINESS SUITE AND ON-PREMISE- AGILE AND WATERFALL).
- Klicken Sie auf BESCHLEUNIGER.

- Filtern Sie auf die Phase (z. B. in Abbildung 6.2: PREPARE).
- Wählen Sie Ihre Arbeitsgruppe (Workstream), z. B.: APPLICATION: DESIGN & CONFIGURATION (vgl. Abbildung 5.6).
- Filtern Sie ggf. noch auf AGILE/WATERFALL (vgl. Abbildung 5.7).
- Schauen Sie sich die entsprechenden Beschleuniger an.

Deliverables der Prepare-Phase

Wie bereits ausgeführt, geht es in dieser Phase unter anderem darum, das Projekt aufzusetzen. Dazu gehören die in Tabelle 6.1 gelisteten wesentlichen Tätigkeiten.

Deliverable	Verantwortlicher Workstream
Projekt eröffnen	Project Management
Projekt Governance einrichten	Project Management
Projekt planen	Project Management
Projekt-Kick-off und On-Boarding	Project Management
Befähigung des Projektteams	Project Management, Solution Adoption, Customer Team Enablement
Setzen der Projektstandards und Infrastruktur	Project Management
Projektsteuerung und Kontrolle	Project Management
Fahrplan für organisatorisches Änderungsmanagement (OCM) aufsetzen	Solution Adoption
Projektausbildungsstrategie und -plan (Team + Key-User)	Customer Team Enablement
Geschäftsprozesse (grafisch) aufbereiten	Application Design and Configuration, Data Management
Mehrwert der Lösung mit den Fachverantwortlichen abstimmen	Solution Adoption
Aktivieren der vorausgewählten Lösung (z. B.: Branchenlösung oder Model Company)	Application Design and Configuration
Teststrategie vorbereiten	Testing

Deliverable	Verantwortlicher Workstream
Vorgehen und Strategie der Datenmigration entwickeln	Data Management
Technische Anforderungen und Plan für die Systemlandschaft erarbeiten	Technical Architecture and Infrastructure
Bestandsaufnahme der erforderlichen Schnittstellen	Integration
Vorschlag zur Dimensionierung der Hardware erarbeiten	Technical Architecture and Infrastructure
Projekttools und System bereitstellen	Technical Architecture & Infrastructure
Demoumgebung bereitstellen	Data Management, Technical Architecture & Infrastructure
Abschluss und Abnahme der Phase	Projekt Management

Tabelle 6.1: Deliverables und Verantwortliche der Prepare-Phase

Wenn Sie mit dem Roadmap Viewer arbeiten, was ich Ihnen nahelegen möchte, dann finden Sie dort zu allen Kernaktivitäten neben den Beschleunigern die einzelnen Aufgaben dieser Phase. Ich habe dazu erneut auf die Prepare-Phase gefiltert und anschließend den Inhalt zur Project Initiation aufgerufen. Die entsprechenden Aufgaben sind natürlich dem Projektmanagement zuzuordnen. Abbildung 6.3 zeigt das beispielhaft anhand des Projektmanagementplans. Im Anschluss an eine kurze Beschreibung können Sie weiter in die einzelnen Aufgaben (Procederes) vordringen und finden dort die seitens der SAP angebotenen Beschleuniger.

Der Pfad im Roadmap Viewer lautet wie folgt:

General • SAP Activate Methodology for Business Suite and On-Premise- Agile and Waterfall • Prepare • Project Initiation • Create Project Management Plan

Create Project Management Plan

The Project Management Plan is the document that describes how the project will be executed, monitored and controlled. It integrates and consolidates all subsidiary plans and baselines from the planning process.

Procedures:

1. Establish Scope Baseline
2. Establish Schedule Baseline
3. Establish Cost Baseline
4. Establish Quality Baseline
5. Define Scope Management Plan
6. Define Requirements Management Plan
7. Define Schedule Management Plan
8. Define Cost Management Plan
9. Define Quality Management Plan
10. Define Process Improvement Plan
11. Define Human Resources Management Plan
12. Define Communications Management Plan and Project Reporting Standards
13. Define Risk Management Process
14. Define Procurement Management Plan
15. Define Stakeholder Management Plan
16. Define Change Management Process
17. Define Issue Management Process
18. Define Project Constraints
19. Define Project Standards
20. Obtain Project Management Plan Sign-Off

Beschleuniger

Dateien

External Risk List Template (SAP Customer)
Focused Build for SAP Solution Manager (SAP Customer)
Project Management Plan Template (SAP Customer)
Resource Plan Template (SAP Customer)
Risk Identification Session Guide (Public)
Subsidiary Project Management Plans Guide (SAP Customer)

Abbildung 6.3: SAP Roadmap Viewer – Projektmanagementplan erstellen

Ich denke, Sie können an diesem Screenshot sehr gut erkennen, wie detailliert SAP die Implementierungsmethodik bereits ausgestaltet hat. Bis zu diesem Punkt ist die Arbeit im agilen Projekt nicht vollkommen anders als bei den traditionellen, wasserfallbasierten Vorgehensmodellen. Allerdings sollte das Vorgehen am Ende dieser Phase endgültig feststehen. Eine ganze Reihe von Entscheidungen, die in dieser Phase getroffen werden, hängen nämlich unmittelbar vom Vorgehensmodell ab. So sehen sowohl die Auswahl der Projektmitarbeiter als auch die Zusammenstellung der Teams je nach Vorgehensmodell vollkommen anders aus.

Dazu zwei Beispiele: Bei der Auswahl der Projektmitarbeiter für den traditionellen Ansatz geht es in erster Linie darum, die Mitarbeiter mit den geeigneten fachlichen Skills zu finden. Für ein agiles Projekt wären die Lernbereitschaft und das Interesse für Neues wichtiger. Natürlich soll der Mitarbeiter auch Fachkenntnisse mitbringen, aber seine Teamfähigkeit und das Vermögen, eigenverantwortlich und selbstmotiviert Ziele zu verfolgen, sind mindestens ebenso entscheidend. Neben den fachlichen Skills benötigt man also noch die Softskills, was die Auswahl passender Mitarbeiter zunächst zu reduzieren scheint. Man kann es aber auch so sehen: Wenn die Softskills vorliegen, die Lernbereitschaft hoch und eine gewisse fachliche Grundlage gegeben ist, dann kann man auch in der »zweiten« Reihe fündig werden, muss also nicht diejenigen Mitarbeiter für das Projekt gewinnen, die man schon immer in Projekten eingesetzt hat. Projektvorgehensmodell neu, Software neu, Prozesse neu (insbesondere, wenn man auf der grünen Wiese beginnt). Da schlägt manch weniger erfahrene, aber noch nicht betriebsblinde Mitarbeiter den einen oder anderen alten Hasen mit seiner »Das-war-hier-schon-immer-so-Erfahrung«.

Neben der Auswahl der einzelnen Mitarbeiter gestaltet sich auch die Zusammenstellung der Teams möglicherweise anders, wenn agil gearbeitet werden soll. So ist ein Erfolgsrezept des agilen Arbeitens, dass man die Teams interdisziplinär zusammenstellt. Anders ausgedrückt: In einem FI-Team (Finanzwesen) findet man nicht ausschließlich Buchhalter, sondern vielleicht auch einen Mitarbeiter, der zwar wenig Kenntnisse im Rechnungswesen, andererseits aber ausgezeichnete Skills im Bereich technischer Dokumentationen und Erstellung sowie Durchführung von Trainings mitbringt. Wenn dieser Mitarbeiter bereit ist, die Buchhaltungsprozesse zu durchdringen und zu dokumentieren, dann können sogar die Medien zum Finanzwesen zum Thriller geraten.

7 Explore-Phase

Nun also wird es agil! Wer von Ihnen schon länger SAP-Projekte begleitet, weiß, dass nach dem Set-up des Projekts in der Vergangenheit die Fachkonzepte (auch Sollkonzepte, Business Blueprint, Pflichtenheft oder etwas Vergleichbares) erarbeitet wurden. Dabei ging es darum, das zukünftige System mit Blick auf Kosten, Zeit und Qualität (magisches Projektdreieck) so genau wie möglich zu beschreiben. Diese Fachkonzepte werden in der Explore-Phase durch ein sogenanntes *Backlog* ersetzt. Was das ist und wie es entsteht, wird unter anderem in diesem Kapitel beschrieben.

Wie Sie Abbildung 7.1 entnehmen können, ist diese Phase mit einer Vielzahl von Aufgaben versehen. Das Projekt lebt! Mitarbeiter verschiedener Workstreams (Teams/Arbeitsgruppen) arbeiten daran, das Projekt zum Erfolg zu bringen. Waren es in der Prepare-Phase noch einige wenige, die sich mit dem Projekt-Set-up beschäftigt haben, so sind die Teams nun umfangreicher, um der gestiegenen Anzahl von Aufgaben gerecht zu werden. In dieser Phase haben die allermeisten Projektteammitglieder nun auch Kontakte zum System. S/4HANA ist zum Greifen nah! Vielen im Unternehmen wird spätestens jetzt klar, dass dies kein SAP-Releasewechsel ist, wie er schon einige Male stattgefunden hat. Dieses System kann dank der Fiori-Oberfläche überzeugen. Es sieht modern aus und ist gut zu bedienen. Einen ersten Eindruck davon können Sie sich unter den in diesem Tutorial bereits erwähnten Links machen, denn diese benutzen das gleiche Design:

https://rapid.sap.com/bp/

https://go.support.sap.com/roadmapviewer/

Wer zusätzlich den Austausch mit anderen sucht, der kann sich auch in der Kollaborationsplattform *SAP Jam* (siehe Abschnitt 11.4) anmelden und dort der Gruppe »SAP Activate« beitreten. Dazu nutzen Sie den folgenden Link:

http://bit.ly/SAPActivate

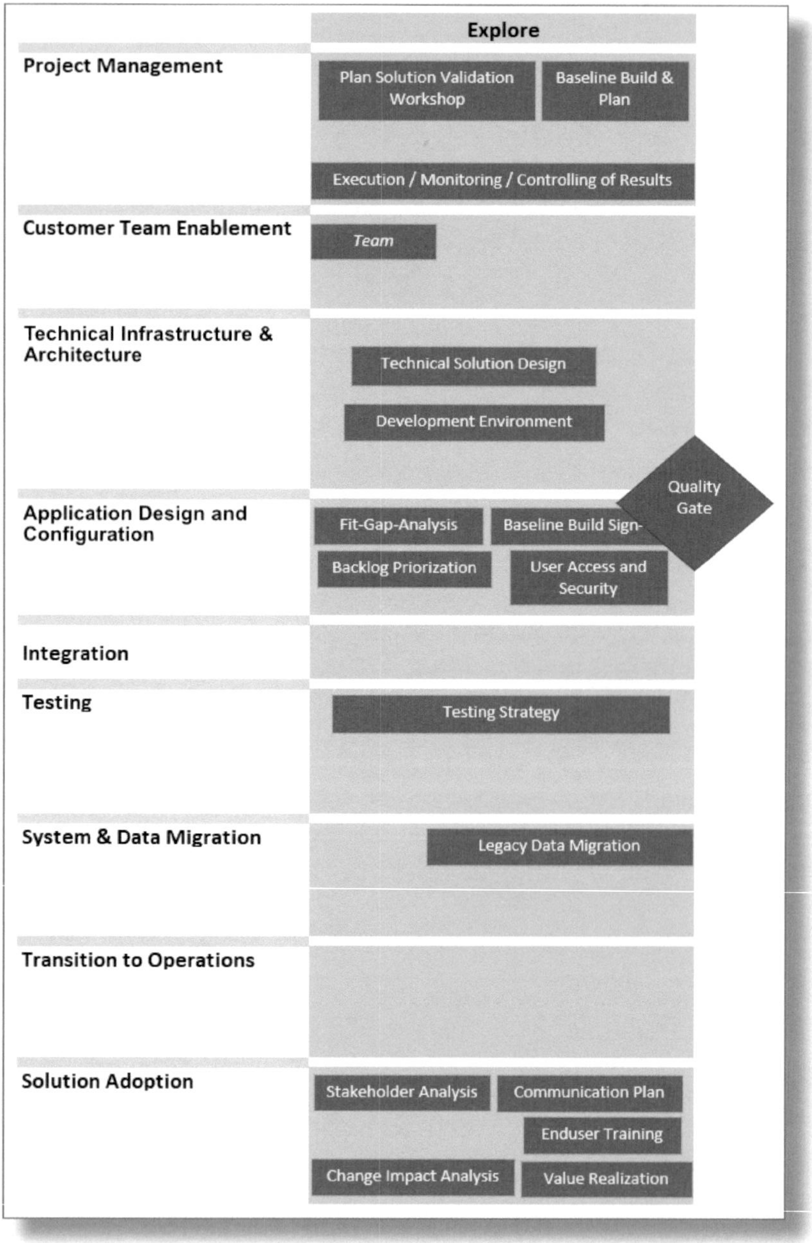

	Explore
Project Management	Plan Solution Validation Workshop; Baseline Build & Plan; Execution / Monitoring / Controlling of Results
Customer Team Enablement	*Team*
Technical Infrastructure & Architecture	Technical Solution Design; Development Environment
Application Design and Configuration	Fit-Gap-Analysis; Baseline Build Sign-; Backlog Priorization; User Access and Security
Integration	
Testing	Testing Strategy
System & Data Migration	Legacy Data Migration
Transition to Operations	
Solution Adoption	Stakeholder Analysis; Communication Plan; Enduser Training; Change Impact Analysis; Value Realization

Quality Gate

Abbildung 7.1: Roadmap der Explore-Phase

Somit ergeben sich für die Explore-Phase folgende Kernaufgaben:

- Vorbereitung, Terminieren und Durchführung von Workshops zur Lösungsvalidierung
- Verfeinern der Geschäftsanforderungen
- Identifizieren der Stammdaten und organisatorischen Anforderungen
- Bestätigen und Abnahme der Sollprozesse
- Definition des funktionalen Lösungsdesigns einschließlich der GAP-Analyse in Lösungsdesignworkshops
- Zuordnung der Geschäftsanforderungen zur Prozesshierarchie und zu den Lösungskomponenten
- Abnahme der Delta-Anforderungen und Delta-Design-Dokumente
- Endbenutzerinformationen sammeln, Lernbedarf analysieren, Strategie für den Wissensaufbau entwickeln
- Aufbau von Projektmanagement, Tracking und Reporting zur Wertsteigerung

7.1 Deliverables der Explore-Phase

Bevor ich etwas dezidierter auf das Backlog eingehe, möchte ich auch für die Explore-Phase die Deliverables liefern.

Deliverable	Verantwortlicher Workstream
Phase eröffnen	Project Management
Projektsteuerung und Kontrolle	Project Management
Solution Validation Workshop planen	Project Management
Analyse der Stakeholder	Solution Adoption
Impact Analyse für das OCM	Solution Adoption
Kommunikationsplan erstellen	Solution Adoption
Strategie und Plan für Endbenutzerschulungen erarbeiten	Solution Adoption

Deliverable	Verantwortlicher Workstream
Schulungsinhalte für Endbenutzer erstellen	Solution Adoption
Fit-Gap-Analyse	Application Design and Configuration
Priorisierung des Backlogs	Application Design and Configuration
Entwurf der Lösungen für die Business-Objekte	Application Design and Configuration
Geschäftsszenario #1–n (grober Entwurf)	Application Design and Configuration
Geschäftsszenario #1–n (detaillierter Entwurf)	Application Design and Configuration
KPIs für die Mehrwertbestimmung erarbeiten	Solution Adoption
Detailliertes Design – Konfiguration und Enhancements	Extensibility
Erarbeiten des Plans für das Baselinesystem	Project Management
Aufbau des Baselinesystems	Project Management
Visualisierung der Prozesse	Application Design and Configuration
Abnahme des Baselinesystems	Application Design and Configuration
Migration der Legacy Daten vorbereiten	Data Management, Technical Architecture & Infrastructure
Technisches Design der Lösung	Technical Architecture & Infrastructure
Zugriffe und Berechtigungen	Application Design and Configuration
Entwicklungssystem (DEV) einrichten	Technical Architecture & Infrastructure
Teststrategie	Testing
Release und Sprintplanung aufsetzen	Project Management
Abschluss und Abnahme der Phase	Project Management

Tabelle 7.1: Deliverables und Workstreams der Explore-Phase

Das alles entscheidende Ziel dieser Phase ist, ein *Backlog* zu erhalten. Was das ist und wie ein Backlog entsteht, soll nun kurz beschrieben werden.

7.2 Backlog

Wie eingangs gesagt, ersetzt das Backlog den Business Blueprint, also das Sollkonzept. Wir wissen auch schon, dass das Backlog lebendiger weiterentwickelt wird, als dies bei den Sollkonzepten vorgesehen war. Sollkonzepte wurden im Grunde um Change Requests erweitert, die ihrerseits die qualitative Beschreibung der Zielfunktionalität mit den geplanten Kosten und der dafür vorgesehenen Zeit enthielten.

Da bei einer agilen Vorgehensweise und auch bei SAP Activate stets der Benutzer mit seinen Anforderungen an die Software im Mittelpunkt steht, fließen genau seine Wünsche in das Backlog ein. Die großen Unruheherde der Vergangenheit, nämlich die Change Requests, welche die Abweichungen vom Sollkonzept beschrieben haben und welche regelmäßig zu Diskussionen zwischen dem Kunden und dem Implementierungspartner führten (z. B. im Sinne von: War dieser Punkt schon im Sollkonzept enthalten und in hinreichender Genauigkeit beschrieben, oder ist es eben ein CR?), werden jetzt vermieden, indem es einen fest etablierten Anpassungsprozess gibt. Wir erwarten regelmäßig Anpassungen im Backlog. Der Kunde hat das Recht, diesen jeweils vor dem nächsten Sprint zu aktualisieren. So verlockend dies zunächst aus Kundensicht klingt, so anspruchsvoll ist es eben auch, denn, wie in Abbildung 2.5 dargestellt, gilt es nun durch Anpassung der Priorisierung festzulegen, was statt der neu aufgenommenen Wünsche in ein nächstes Release verschoben wird.

SAP hält einen Beschleuniger in Form eines Excel-basierten Templates für das Backlog bereit:

https://support.sap.com/content/dam/SAAP/SAP_Activate/AG_16.xlsx

Das Backlog ist also ein vollständiges Verzeichnis aller User Stories (= Anforderungen der Endbenutzer in einer festgelegten Form, vgl. Abbildung 7.2). Es wird durch den Kunden regelmäßig im Projektverlauf angepasst. Die Projektteammitglieder bearbeiten dann die User Stories in den Sprints der Realize-Phase, um so der angestrebten Lösung mit jedem Sprint einige Schritte näherzukommen.

In der Projektpraxis stellt sich häufig die Frage, welche User Stories überhaupt in das Backlog müssen. Nimmt man alle User Stories auf, oder nur solche, die eine Abweichung vom Standard darstellen? Meine Empfehlung sieht wie folgt aus:

Für alle unverändert übernommenen Best-Practice-Prozesse oder Prozesse aus der Model Company werden keine User Stories geschrieben. Diese Arbeit ist verzichtbar und erweitert im Zweifelsfall auch noch die Dokumentationstätigkeiten, ohne dabei einen echten Mehrwert für das Projekt oder den zukünftigen Systembetrieb zu schaffen.

Allerdings gibt es einige User Stories, die aus Mangel an Kenntnis oder Erfahrung oft gar nicht vom Kunden erfasst werden (können), aber dennoch in das Backlog gehören. Zumeist betreffen sie systemnahe Aspekte wie Fragen rund um die Performance, Systemsicherheit oder Architektur. Hier sollte der partnerschaftliche Ansatz der Implementierungsunternehmen helfen und dem Kunden entsprechende Hinweise geben, sodass auch diese Punkte, die Endanwender oder Product Owner selten auf dem Radar haben, Einzug in das Backlog erhalten. In der Praxis werden diese Stories also häufig durch den Implementierungspartner in enger Abstimmung mit dem Product Owner ergänzt.

Hierarchischer Backlog

Da das Backlog im Rahmen von SAP-Implementierungen schnell umfangreich wird, kann es sinnvoll sein, eine Hierarchie aufzubauen. Dazu bekommen die Workstreams im Rahmen der Planung jeweils nur den Auszug aus dem Backlog, das sie betrifft. Der jeweilige Scrum Master verwaltet dieses Team-Backlog und sorgt dafür, dass alle Aktualisierungen auch im Projekt-Backlog abgebildet sind. Dies funktioniert über eine klare Ablagestruktur und das Verlinken der einzelnen Workstream-Backlogs in das Projekt-Backlog, das sich die Daten jeweils beim Öffnen der Datei oder auf Benutzeranforderung aus den untergeordneten Backlogs holt. Wichtig ist, dass allfällige Veränderungen an den Prioritäten auch umgekehrt den Weg zu den untergeordneten Backlogs finden.

7.3 User Stories

User Stories definieren die Anforderungen der Endbenutzer nach einem fest vorgegebenen Muster, das Tabelle 7.2 zeigt:

Form	Beispiel
In meiner Rolle als (Rollenname)	In meiner Rolle als Ticket-Eröffner ...
benötige ich (Funktion)	... erwarte ich eine automatisierte E-Mail-Benachrichtigung, wenn sich der Status des Tickets im Ticket-System auf »User Action« ändert, ...
damit (Mehrwert)	... damit die Gesamtlösungszeit für das Ticket möglichst gering bleibt.

Tabelle 7.2: Mustervorgehen in einer User Story

Abbildung 7.2 zeigt ein Formular zur Erhebung einer User Story an einem typischen Beispiel aus dem Kampagnenmanagement. Es kann zunächst in Papierform, später auch in elektronischer Form Verwendung finden. Ich persönlich beginne gerne mit papiergebundenen Formularen, damit sich die Anwender komplett auf den Inhalt und nicht auf die elektronische Verarbeitung konzentrieren.

CA025	Prüfung der Eventakzeptanz
Funktionaler Bereich:	Kampagnenmanagement
Prozessfluss:	Suche Kampagne

Story: Als ein Teamassistent muss ich einen Kampagnenüberblick einrichten, falls alle eingeladenen Kontaktpersonen des Kunden bzw. des potentiellen Kunden die Eventeinladung akzeptiert haben, sodass Anrufe zur Terminierung von Folgeanrufen terminiert werden können.

Abnahmekriterien: Wie soll getestet/demonstriert werden? Login als Teamassistent ins CRM, die Aktivitätensuchmaske öffnen, Suche nach Kampagne mit ID oder Beschreibung, das Suchergebnis zeigt alle Geschäftspartner mit Kontaktpersonen. Das Statusfeld zeigt an, ob die Eingeladenen präsent waren oder nicht.

Kommentare:

Priorität:	Aufwandschätzung:
Ansprechpartner Name:	Ansprechpartner Abt./Raum:
Ansprechpartner E-Mail:	Ansprechpartner Telefon:

Abbildung 7.2 Beispiel einer User Story Card

Erstellen von User Stories

Gute Erfahrungen habe ich damit gemacht, den Kunden beim Erstellen der User Stories zunächst so lange zu begleiten, bis diese Technik auch ohne Begleitung die gewünschte Qualität hervorbringt. Gemäß der Scrum-Methodik (ausführliche Informationen hierzu erhalten Sie in Kapitel 12) spricht man in diesem Zusammenhang von einer *Definition of Ready (DoR)*. Eine User Story kann der DoR nur dann entsprechen, wenn das Team, welches mit der systemtechnischen Umsetzung betraut wird, Ziele und Inhalte der Story verstanden hat. Die Verantwortung, die Stories entsprechend auszuformulieren bzw. ausformulieren zu lassen, liegt beim Product Owner, wobei das Scrum-Team sie überprüft. Folgende Überlegungen können dabei helfen:

- Die Priorität für das Unternehmen kann bestimmt werden.
- Die Story ist so formuliert, dass das Team sie nachvollziehen kann.
- Die Story ist klein genug, um in einen Sprint zu passen.
- Die Abnahmekriterien sind definiert.

Wie bereits ausgeführt, ist in den meisten SAP-Projekten zu beachten, dass es einige Anforderungen gibt, die nur selten, manchmal überhaupt nicht, vom Kunden formuliert werden. Dazu gehören insbesondere die nicht funktionalen Anforderungen (*Non Functional Requirements, kurz NFR*). Diese beziehen sich häufig auf folgende Aspekte:

- Performance
- Robustheit
- Sicherheit
- Stabilität
- Benutzerfreundlichkeit
- allgemeine technische Anforderungen

Für solche nicht-funktionalen Anforderungen ist es wichtig, dass die Abnahmekriterien klar vereinbart werden. Das in Abbildung 7.3 gezeigte Beispiel soll dies verdeutlichen. In der Praxis erstellen die Beratungspartner dafür häufig keine User Stories, sondern nehmen diese Anforderungen in einer gesonderten Tabelle als eigenständiges Arbeitsblatt in das Backlog mit auf.

- Nicht-funktionale Anforderungen (NFR, non-functional requirements) beziehen sich auf operative Qualitätsindikatoren, wie z. B. Performance, Robustheit, Sicherheit, Benutzerfreundlichkeit und technische Anforderungen.
- NFRs können als Performanceeinschränkung oder in der Form von klar feststehenden Akzeptanzkriterien erfasst werden (siehe die untenstehenden Beispiele).

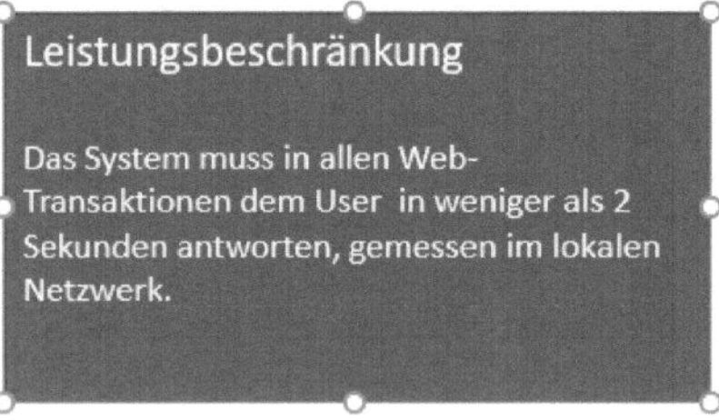

Akzeptanzkriterien

Das System muss in der Lage sein, die folgende Last zu bewältigen:

- 10.000 konkurrierende Lese-/Schreibtransaktionen finden statt.
- Jede Transaktion hat ein Datenvolumen von 500 KB.
- Die Systemkonfiguration ist vom Typus „kleines ERP".

Abbildung 7.3: Non Functional Requirements

7.4 Activate Solution und Rapid Prototyping

Eines der wesentlichen Ziele der Phase Explore ist ein ordentliches Backlog. Um dorthin zu gelangen, sieht SAP Activate folgendes Vorgehen vor: Sie haben z.B. mithilfe der Best Practices und entsprechenden Installationsanleitungen der SAP ein initiales System erzeugt, das Sie nach Abschluss der Installationsroutinen dem Team zur weiteren Bearbeitung übergeben (Activate Solution) und beispielsweise im Rahmen eines *Rapid Prototypings* den zu diesem Zeitpunkt bereits bekannten Kundenwünschen annähern. Dies kann durch den Implementierungspartner in Form von Sprints (siehe Definition in Abschnitt 5.1) erfolgen. Anschließend bekommt der Kunde das System bereits ein erstes Mal vorgeführt. Dieser Punkt ist aus meiner Sicht wesentlich für den Projekterfolg!

In der Vergangenheit musste ich bei vielen Projekten bedauerlicherweise feststellen, dass der Kunde – insbesondere der spätere Nutzer – das System viel zu spät zu Gesicht bekam. Dies führte regelmäßig dazu, dass Systeme bereitgestellt wurden, die vom Benutzer als unvollständig, unkomfortabel oder gar als unbrauchbar bezeichnet wurden und es zugegebenermaßen teilweise auch waren. Das frühe Einbeziehen der Endbenutzer hilft dabei, deren Wünsche rechtzeitig zu erkennen und entsprechend berücksichtigen zu können. Deshalb werden jetzt auf Basis des vorbereiteten Systems *Fit-Gap-Workshops* durchgeführt.

Die im Rahmen von SAP Activate vorgesehene sehr frühe Bereitstellung eines Systems bietet u. a. folgende Vorteile:

Im Backlog wird nur noch das Delta zu dem initial bereitgestellten und ggf. im Rahmen des Rapid Prototypings vorkonfigurierten System erfasst. Das spart Zeit, weil im Projekt nicht mehr der Teil der Software bearbeitet wird, der ohnehin dem Standard entspricht, sondern nur noch die Umstände untersucht werden, die eine Abweichung vom Standard erfordern. Dies trifft nicht nur für Systemanpassungen zu; auch die Dokumentation und trainingsrelevante Aufgaben können so entsprechend schlank gestaltet werden. Somit bleibt auch das Backlog schlank, und wir erarbeiten in den Fit-Gap-Workshops nur die Lücken (Gaps) sowie die Abweichungen vom Standard (Delta).

7.5 Fit-Gap-Workshops und Delta Design

7.5.1 Fit-Gap-Workshop (Type A)

In einem Fit-Gap-Workshop stellt ein Berater das für den Kunden beispielsweise im Rahmen des Rapid Prototypings vorbereitete System mit seinen Prozessen vor.

Ausgehend vom Referenzsystem, also der bereitgestellten Lösung gemäß Abschnitt 7.4, setzt der Workshop-Moderator die Ziele und Erwartungen und bringt den Workshopteilnehmern die mit der Implementierung verfolgte Strategie noch einmal ins Gedächtnis. Er führt durch die Geschäftsvorfälle und gibt sozusagen die »Leitplanken« vor, die sich aus den Wertschöpfungsketten des Unternehmens ergeben (Schritt 1 in Abbildung 7.4).

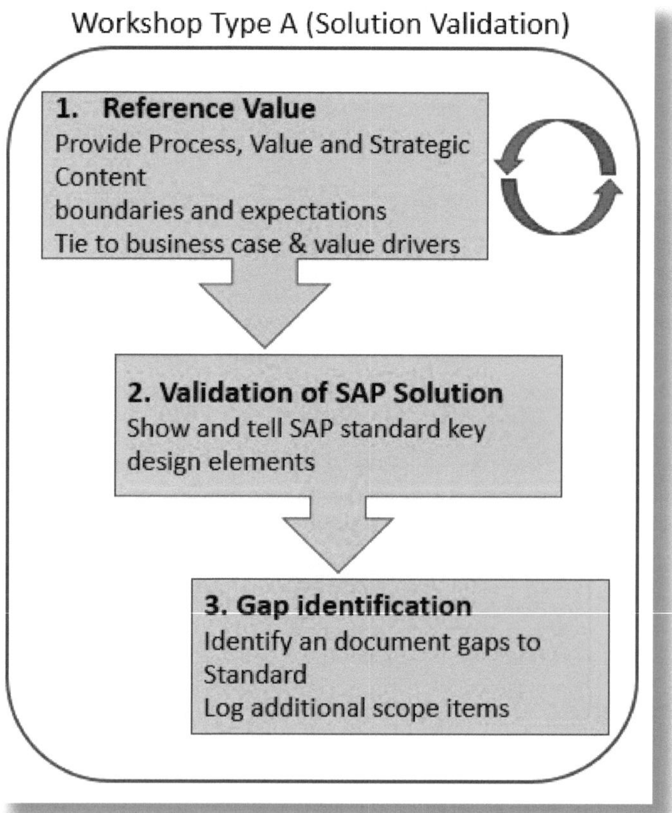

Abbildung 7.4: Solution Validation Workshop (Type A)

In Schritt 2 zeigt der Moderator die Standardfunktionen am System und erläutert die wesentlichen Punkte der Standardprozesse.

Im dritten Schritt schließlich geht es darum, die Lücken aufzudecken, die vom Standard nicht abgebildet werden, aber für das Geschäftsmodell erforderlich sind.

Bitte beachten Sie bei der Planung dieser Workshops, dass sie zeitaufwendig sind. Üblicherweise handelt es sich deshalb auch nicht um einen einzigen, sondern um eine ganze Serie von Workshops.

Dabei gilt es, einige immer wieder auftretende Risiken nach Möglichkeit zu vermeiden:

- Es handelt sich um Prozessworkshops, nicht um Systemschulungen! Ziel der Workshops ist es nicht, dass jeder zukünftige Nutzer in die Lage versetzt wird, die gezeigten Transaktionen und Prozesse nach dem Workshop eigenständig zu handhaben, sondern dass er erkennen kann, ob die dargestellten Prozesse den Geschäftsanforderungen des Kunden genügen. Hier soll erfasst werden, ob es passt (fit) oder ob etwas fehlt (gap). Alle identifizierten Gaps werden niedergeschrieben.
- Es handelt sich um Prozessworkshops, nicht um eine Beraterveredelung! Gerne tappen auch versierte Berater in die Falle, dass sie ihr Wissen unter Beweis stellen möchten. Das passiert häufig nach dem folgenden Schema: Der Kunde stellt eine Frage: »Sieht ja schon ganz gut aus, aber was ist, wenn ...?« Der Berater kennt die Lösung und zeigt nun im Customizing, wie einfach es doch ist, diese vermeintliche Herausforderung zu meistern. In tiefer Ehrfurcht schauen die ahnungslosen Mitarbeiter dem Berater bei seinem Werk zu – und wertvolle Zeit verstreicht. Wenn es richtig schlecht läuft, fällt dem Berater dann noch auf, dass dafür ja noch diese oder jene Einstellung (aus dem anderen Projektteam natürlich) fehle, aber auch das sei ja kein Problem – und weitere Zeit verstreicht. So werden diese Workshops eben gerade nicht zum Ziel führen und auch nicht termingerecht zum Ende kommen. Erkannte Gaps oder auch Deltas (kleinere Anpassungen) werden im Rahmen der Workshops nur notiert, nicht aber behoben!

- Es handelt sich um Prozessworkshops, und nicht etwa um »Feldattributsdefinitionsabstimmungsmeetings« oder Meetings zur Klärung sonstiger Customizing-Details. Das dritte typische Risiko der Workshops besteht darin, sich in Einzelheiten zu verlieren. Natürlich ist die zweimal im Jahr für den Lieferanten oder Kunden XY unseres Auftraggebers benötigte Belegart erforderlich. Aber sie ist im Zweifel nicht prozessrelevant. Es geht darum, vom Groben zum Feinen zu gelangen und dabei eben nicht zuerst die Details, sondern zunächst das Regelmäßige abzubilden. Wenn die Berater dabei erkannt haben, womit der Kunde sein Geld verdient, und außerdem die Projektziele und -herausforderungen verstanden haben, dann können sie die Kunden auch erfolgreich durch diese Workshops führen – die entsprechenden Persönlichkeitsskills vorausgesetzt. Fehlen diese, so empfiehlt sich eine externe Workshop-Moderation, z. B. durch sogenannte Agile Coaches.

Hilfsmittel für die Fit-Gap-Workshops

Zum einen empfehle ich, den Workshop immer mit einem Team aus zwei Personen durchzuführen. Dabei protokolliert eine Person alle Deltas und Gaps, die der Kunde aufwirft, während die andere Person durch den Workshop und seine Prozesse führt.

Zum anderen befürworte ich zum Review des Prozesses Grafiken nach der BPMN-Spezifikation (vgl. hierzu Abbildung 7.5). Diese werden von der SAP beispielsweise für die Best-Practice-Prozesse im Best Practice Explorer bereitgestellt. Die Beispielgrafik stellt eine Kundenanfrage im Vertriebsprozess dar.

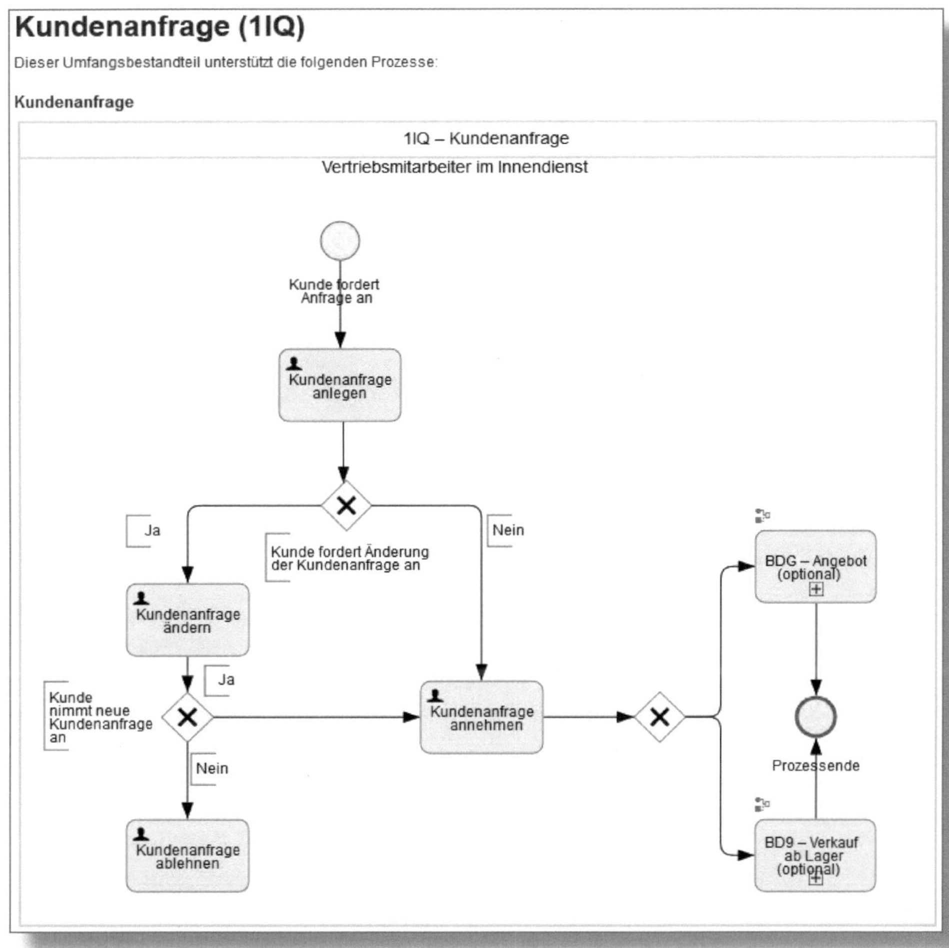

Abbildung 7.5: BPMN-Grafik zur Besprechung eines Vertriebsprozesses

Nachdem der Prozess anhand der BPMN-Grafik theoretisch erläutert wurde, wird er in einem Demo-System gezeigt (z. B. in der Cloud Appliance Library, *http://cal.sap.com/*). Alternativ kann auch eine Model

Company oder ein im Rahmen eines Rapid Deployments für den Kunden vorbereitetes System verwendet werden. Mitunter gibt es aus der vorgelagerten Discover-Phase bereits eine geeignete Sandbox. Allgemein gilt hier: Je näher das System am Geschäft des Kunden ist, desto größer wird die Akzeptanz sein. Umgekehrt wird vom Kunden im Rahmen der Workshops ein entsprechend höheres Abstraktionsvermögen abverlangt, wenn das System noch nicht für das Geschäftsmodell des Kunden vorbereitet wurde.

Der Zugriff auf das System in dieser Projektphase führt zu einer ganz anderen Dynamik im Projekt, als es beim Erstellen von Blueprints (oftmals ohne Systemzugriffsmöglichkeiten für die Mitarbeiter des Kunden) in der Vergangenheit, z. B. nach dem traditionellen SAP-Vorgehen gemäß ASAP-Modell, üblich war.

Nachdem Sie nun den Ablauf und die Inhalte des Workshops kennen, lege ich Ihnen nahe, folgende Vorbereitungen zur Durchführung der Workshops zu treffen:

- Wählen Sie eine geeignete Demo-Umgebung aus (Sandbox, based on SAP Best Practices, Rapid Deployment System (RDS) oder ein anderes geeignetes System).
- Ergänzen Sie das System um Geschäftsdaten des Kunden.
- Führen Sie ggf. Anpassungen durch, die nicht durch die Best Practices gedeckt sind, von denen aber bekannt ist, dass sie für das Geschäftsmodell des Kunden unabdingbar sind.

Ferner greife ich gerne auf die *Scope-Item*-Beschreibungen zurück, die von der SAP ebenfalls für die Best-Practice-Prozesse bereitgestellt werden. Bereiten Sie diese Demos gründlich vor, um von Beginn an eine hohe Akzeptanz zu erzielen.

Für die Erarbeitung der Geschäftsprozesse während des Workshops kann der folgende Beschleuniger helfen:

https://support.sap.com/content/dam/SAAP/SAP_Activate/AG_08.xls

Dieses Exceldokument dient dazu, alle geforderten Geschäftsprozesse zu erheben und zu beschreiben. Dabei werden für jeden Prozess die folgenden Daten ermittelt:

- Was stößt den Prozess an, ist also Auslöser, und welche Eingaben benötigt das System?
- Was ist der Output des Prozesses?
- Welche Organisation und welche Rolle verwenden den Prozess?
- Was sind die Kernanforderungen?
- Wie sieht die Lösung aus, d. h., mit welcher SAP-Transaktion wird die Lösung erfasst, passiert dies manuell oder automatisiert, auf welchem System und mit welcher Systemkomponente?
- Gibt es Anforderungen/Einschränkungen an das Customizing?

Falls es Gaps gibt, werden diese entweder als Organisational Change beschrieben und gelöst oder in die RICEFW-Liste (*https://support.sap.com/content/dam/SAAP/SAP_Activate/AG_13.xls*) übernommen. Dieser Beschleuniger mag den einen oder anderen SAP-Berater an die Business Process Master List (BPML) aus der Vergangenheit erinnern, nur dass dieses Dokument auch die jeweils umzusetzende Lösung beschreiben kann, was aber erst im Rahmen der Umsetzung passieren soll.

Typischen Fehler vermeiden

Auch wenn das Exceldokument die Spalten für die Lösung bereits vorsieht, sollten Sie unbedingt vermeiden, schon während der Fit-Gap-Analyse Lösungen zu definieren. Das passiert erst im Rahmen der Sprints in der folgenden Phase Realize. Das Team entscheidet dabei darüber, wie die Kundenanforderungen umgesetzt werden.

An dieser Stelle möchte ich einen weiteren Beschleuniger der SAP erwähnen, der meines Erachtens zu Unrecht nur selten Verwendung findet:

https://support.sap.com/content/dam/SAAP/SAP_Activate/OMP_A23.docx

Diese Wordvorlage hilft dabei, die Geschäftsprozesse – gemeint sind hier die Prozesse, die vom Standard abweichen – in einer stets einheitlichen Form zu beschreiben. Das vollständige Ausfüllen dieses Dokuments erfolgt unmittelbar im Nachgang eines Fit-Gap-Workshops, da es währenddessen zu viel Zeit in Anspruch nehmen würde. Allerdings ist diese Zeit nach dem Workshop ausgezeichnet investiert, denn das ausgefüllte Dokument trägt nicht nur zur Klarheit in dieser Phase des SAP-Projekts bei, sondern hilft auch bei der Dokumentation des Systems, bei der Übergabe an den Support und bei der Erstellung von Trainingsunterlagen und Lernmedien.

Der Vollständigkeit halber sei noch erwähnt, dass sich in der Praxis statt Fit-Gap-Analyse oder Fit-Gap-Workshop zunehmend auch die Begriffe *Fit-2-Standard-Analyse* oder *Fit-to-Standard-Workshop* etabliert haben. Waren diese Bezeichnungen ursprünglich eher den MTE-Editionen – also der Cloudvariante, die sich mehrere Unternehmen teilen – vorbehalten, so findet er zunehmend auch bei Installationen auf kundeneigenen Systemen Verwendung. Vermutlich soll dadurch in den meisten Fällen signalisiert werden, dass die Strategie in diesen Projekten ist, dem Standard zu folgen, wo immer es geht und Anpassungen nur dann vorzunehmen, wenn dies für das Geschäftsmodell des Kunden unausweichlich ist.

7.5.2 Delta Scope Priorization

Nach den Fit-Gap-Workshops und der Beschreibung der Prozesse erfolgt durch den Product Owner das Aufstellen und Priorisieren des Backlogs. Hilfreich ist dabei, zunächst eine grobe Gliederung nach dem *MuSCoW-Prinzip* (Must have, Should have, Could have, Would have) vorzunehmen. Alle Vorhaben werden mit sogenannten Storypoints bewertet, die die Komplexität des Vorhabens widerspiegeln. *Storypoints* dienen dazu, dem Product Owner und allen anderen Projektbeteiligten zu zeigen, wie komplex der jeweilige Sachverhalt ist. Üblicherweise werden dazu die bzw. einige Zahlen der Fibonacci-Folge verwendet.

Fibonacci-Folge

Die Fibonacci-Folge ist eine unendliche Folge von Zahlen, bei der sich die jeweils folgende Zahl aus der Addition ihrer beiden vorherigen Zahlen ergibt: 0, 1, 1, 2, 3, 5, 8, 13 ...

Leonardo Fibonacci beschrieb mit dieser Folge im Jahre 1202 das Wachstum einer Kaninchenpopulation.

Durch die Verwendung dieser Folge wird sichergestellt, dass eine erste Einschätzung der Komplexität schnell und ohne viel Aufwand erfolgen kann. Wenn die Komplexität nicht ohne Weiteres eingeschätzt werden kann, unterstützt das Team: Es wird Planungspoker gespielt (vgl. Exkurs Planungspoker in Abschnitt 7.5.4).

Abschließend werden alle Vorhaben in eine eindeutige Reihenfolge gebracht.

Diese Aufgabe des Product Owners wird vom Projektteam unterstützt. Neben Hinweisen zur Komplexität der Umsetzung macht es auf Abhängigkeiten, die sich aus der Systemarchitektur ergeben, aufmerksam. Diese Hinweise können sich auch auf die Priorisierung beziehen, z. B. im Sinne von: »Wenn diese Story höher priorisiert wird, dann muss auch jene Story vorgezogen werden, weil die erste eben jene bedingt.« Dazu benötigt man mitunter einen Solution-Architekt.

Somit erfolgt am Ende der Workshops (vgl. Abbildung 7.4) der vierte Schritt mit der Priorisierung des Deltas (siehe Abbildung 7.6).

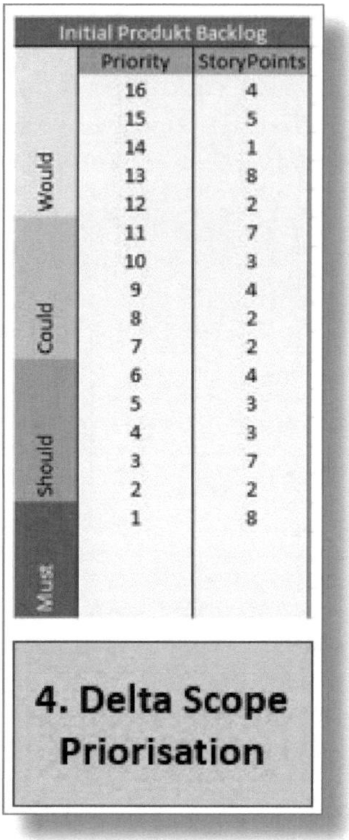

Initial Produkt Backlog		
	Priority	StoryPoints
Would	16	4
	15	5
	14	1
	13	8
	12	2
Could	11	7
	10	3
	9	4
	8	2
	7	2
Should	6	4
	5	3
	4	3
	3	7
	2	2
Must	1	8

4. Delta Scope Priorisation

Abbildung 7.6: Ausschnitt aus einem Backlog zur Priorisierung

Häufig stellt sich an diesem Punkt die Frage nach den Verantwortlichkeiten: Wer macht eigentlich wann was? Das lässt sich relativ schnell beantworten. Einerseits liegen die Verantwortlichkeiten im Business, also auf Kundenseite, vertreten durch die Process oder Product Owner (die SAP verwendet hier mal diesen, mal jenen Begriff), und andererseits betreffen sie die IT. Die hierfür zuständigen Kollegen werden eher dem Implementierungsteam zugerechnet, welches sich meistens aus Mitarbeitern des Kunden und externen Kollegen, also Mitarbeitern des Implementierungspartners, zusammensetzt.

Steht das Projekt-Backlog also erst einmal in Form eines Verzeichnisses aller User Stories ❶, dann wird der Product Owner sich damit beschäftigen, in welche Reihenfolge die Anforderungen zu bringen sind ❷ (siehe Abbildung 7.7).

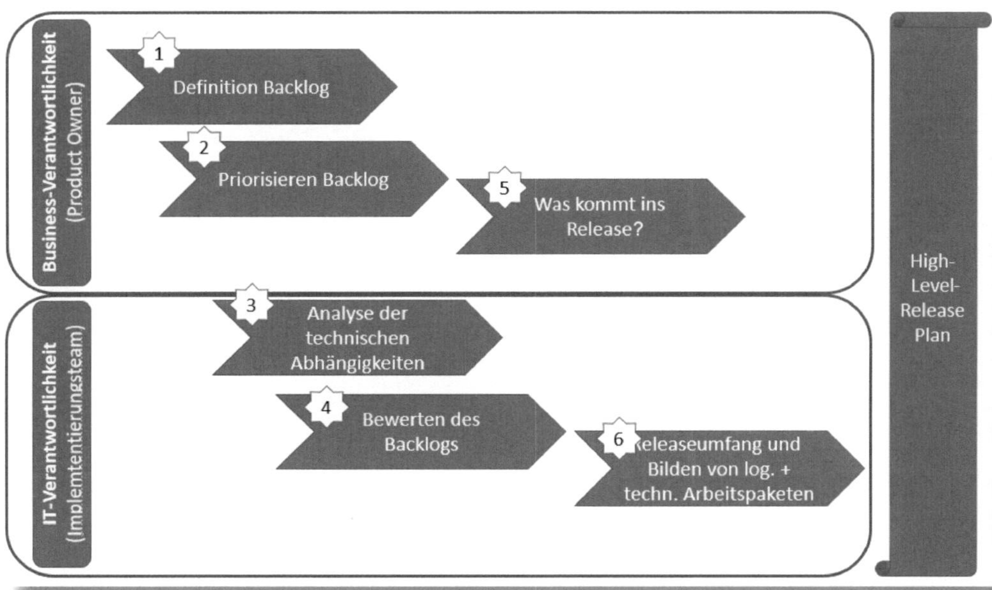

Abbildung 7.7: Verantwortlichkeit und Reihenfolge in der Release-Planung

Nach der agilen Methode gibt es hierfür eine eindeutige Reihenfolge, da es niemals zwei Dinge mit gleicher Priorität gibt (unabhängig davon, ob es eine zwingende Vorgabe ist oder nicht). Es wird also immer eindeutig priorisiert.

Für die beiden ersten Aufgaben liegt die Verantwortung zweifelsfrei beim Kunden. Nur er selbst ist in der Lage, die Priorität der jeweiligen Anforderungen abzuschätzen. Natürlich kann das Implementierungsteam und wird der erfahrene Projektleiter dem Product Owner dabei zur Seite stehen.

Anschließend wechselt mit Punkt ❸ die Verantwortlichkeit zur IT, konkret zu den SAP-Wissensträgern, die sich das Backlog hinsichtlich der Priorisierung anschauen und überprüfen, ob es Abhängigkeiten im System gibt, die es erforderlich machen, noch einmal an der Priorisierung zu feilen. So erfordert die Architektur des SAP-Systems beispielsweise, dass zunächst ein Kontenplan im Finanzwesen definiert wird, bevor die Materialwirtschaft eine Materialkontenfindung einrichten kann. In Abstimmung mit dem Product Owner wird anhand der Ergebnisse die Priorisierung überarbeitet.

Im nächsten Schritt schätzt das Team die Komplexität der User Stories, also der Anforderungen, ein ❹. Dabei versucht es zu bewerten, ob deren Umsetzung tendenziell einfach oder eher aufwendig ist. Das ist ein Vorgang, der in der Vergangenheit oft auf den Schultern der Projektleitung lag. Das agile Vorgehensmodell sieht hier die Einbeziehung des Teams vor.

Komplexität vom Team bewerten lassen

Die Bewertung der Komplexität einzelner User Stories durch das Team bringt mindestens zwei Vorteile mit sich: Zum einen können Sie auf diese Weise die Ermittlung der Komplexität auf viele Schultern verteilen, was einen Zeitvorteil bedeuten kann. Zum anderen steckt in dieser Bewertung bereits eine erste Einschätzung des Teams der zu erwartenden Aufwände. Üblicherweise wird das Team nur solche Stories als einfach bewerten, bei denen die Lösung der Anforderung auf der Hand liegt.

Wenn man davon ausgeht, dass das Team die Bewertung sowieso vor dem Hintergrund der zu erwartenden Aufwände vornimmt, dann können zur Bewertung der Komplexität anstelle der Vergabe sogenannter Story Points auch gleich Aufwandszeiten geschätzt werden. Damit gebe ich den mitunter nahezu militanten Gegnern dieses Vorgehens natürlich eine Steilvorlage. Um es vorwegzunehmen: Ich glaube, dass beide Bewertungsverfahren ihre Vorzüge und Nachteile haben. Wenn Sie sich mit Story Points wohler fühlen, dann nutzen Sie sie bitte. Viele meiner Kunden wollen aber einfach irgendwann mal über Aufwand sprechen – selbst dann, wenn ich es (noch) nicht möchte.

Um das genaue Vorgehen nicht in endlose Diskussionen ausufern zu lassen, wenn also nicht ad hoc eine Einigung über die Komplexität herbeizuführen ist, spiele ich mit den Teams immer Planungspoker (vgl. Abschnitt 7.5.4) und kombiniere dies mit den Design Workshops.

Schließlich entscheidet der Product Owner noch, was es in das zu planende Release schafft ❺; das Team bündelt daraus logisch und technisch zusammengehörige Arbeitspakete ❻. Im Ergebnis kann daraus der Releaseplan abgeleitet werden.

7.5.3 Delta Design Workshop (Type B)

Nach der Priorisierung beginnen die Teams mit dem Delta Design. In Abbildung 7.8 sehen Sie Details der zugehörigen Prozessschritte 5–7.

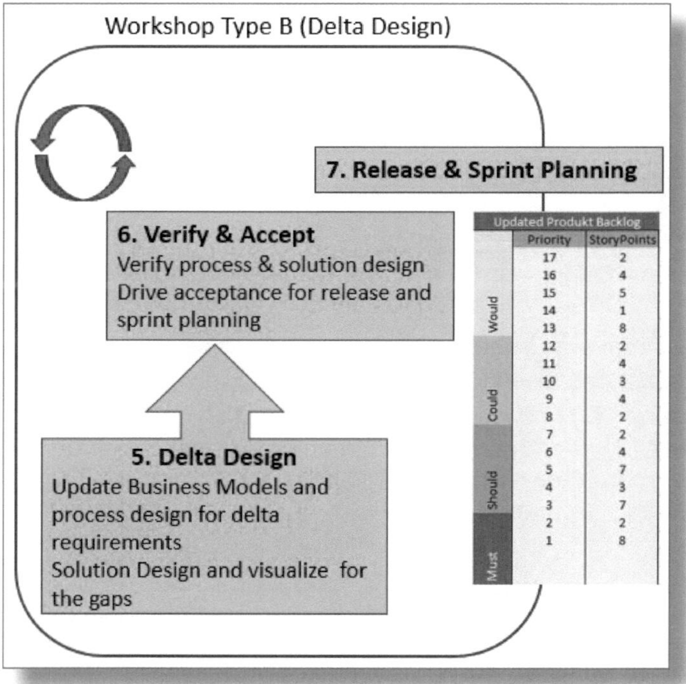

Abbildung 7.8: Delta Design Workshop (Type B)

Im Rahmen der Workshop-Reihe zu den Delta Designs werden die Gaps ausdefiniert und visualisiert ❺. Hier kann man erneut die in Abbildung 7.5 dargestellten Prozessgrafiken verwenden und die Lösung in die Grafiken einarbeiten.

Die erarbeiteten Lösungsansätze werden vom Team vorgestellt und durch den Product Owner bestätigt. Dies ist natürlich insbesondere dann wichtig, wenn die Lösung organisatorische Veränderungen mit sich bringt ❻.

Ist die Aufwandschätzung geleistet, wird der Product Owner ggf. noch einmal an den Prioritäten feilen (z. B. kann folgende Erkenntnis reifen: Wenn diese eine Funktion so komplex ist, dann ist sie doch nicht so wichtig) und dann mitteilen, welche Anforderungen es in das Release schaffen.

Schließlich schätzt das Team die eigene Umsetzungsgeschwindigkeit ein, woraus der High-Level-Releaseplan und später der Sprintplan für den ersten Sprint erwachsen (vgl. Abschnitt 7.8) ❼.

Im Rahmen dieses Workshopstyps wird also entschieden, wie die jeweiligen Anforderungen der Endbenutzer umgesetzt werden sollen. An dieser Stelle sei nochmals ausdrücklich darauf hingewiesen, dass die Lösung auch in einer Veränderung der Kundenorganisation liegen kann (vgl. hierzu Abbildung 1.2).

Das Team bestimmt am Ende über die Form der Umsetzung. Der Product Owner berät das Team dabei, d. h. er schlüpft nur in die Rolle des Ratgebers, während die Entscheidung tatsächlich dem Sprintteam obliegt. Ob hier Customizing genügt, ein User Exit erstellt wird oder anderweitige Programmierung erforderlich ist, ist Sache des Teams. Die Vorhaben werden meistens in einer sogenannten *WRICEF-Liste* beschrieben:

W = Workflows

R = Reports

I = Interfaces

C = Conversions

E = Enhancements

F = Forms

Bitte beachten Sie, dass die Reihenfolge der Buchstaben in anderen Lektüren abweichen kann, z. B. FRICEW. Die Bedeutung bleibt aber dieselbe.

Zwar kommt dem Product Owner hier nur eine ratgebende Rolle zu, allerdings erfolgt durch ihn die Abnahme der Lösungsansätze. Auch diese Planprozesse werden regelmäßig zu Veränderungen im Backlog führen, die durch den Product Owner entsprechend angepasst werden müssen.

Wenn funktionale Gaps nicht durch Anpassungen im OCM oder durch Arbeit an den WRICEF geschlossen werden können, bedarf es eines zusätzlichen *CDP-Vertrags* (Customer Development Project) mit der SAP.

7.5.4 Exkurs Planungspoker

Planungspoker dient dazu, innerhalb des Teams zu einem Konsens über Inhalte und Größen des Projekts zu kommen, indem die Komplexität der User Stories geschätzt wird. Jeder, der an der Umsetzung (Realize-Phase) des Projekts beteiligt ist, nimmt am Planungspoker teil. Dazu gehören neben den Programmierern und Application Consultants auch die Tester, Analysten, Trainer usw. Der Projektauftraggeber (vertreten durch den Product Owner) beantwortet Fragen, nimmt aber nicht an der Schätzung teil. Grundlage für die Einschätzung der Komplexität einer gewünschten User Story bildet eine leicht abgewandelte Reihe der *Fibonacci-Folge* (vgl. Abschnitt 7.5.2)

Man kann diese Folge für das Projekt-Planungspoker nun wie folgt abwandeln:

Pause, 0, ½, 1, 2, 3, 5, 8, 13, 20, 42, 100, ?

Diese Werte inklusive Pause und Fragezeichen sind auf Spielkarten gedruckt. Niedrige Werte sind gleichbedeutend mit einer geringen Komplexität, hohe Werte mit großer Komplexität. Die zunehmenden Abstände zwischen den Zahlen spiegeln dabei die steigende Unsicherheit der Werte wider, je komplexer es wird. Normalerweise gibt der Spielleiter für die Komplexität einen Referenzwert von 1 an, den sich alle Mitspieler vorstellen können. Jeder Teilnehmer erhält nun einen eigenen Satz Spielkarten. Der Product Owner stellt ihnen die User Story vor, die es zu schätzen gilt. Das Team darf zunächst Verständnisfragen stellen, die der Product Owner beantwortet. Anschließend wählt jeder Spieler für sich verdeckt eine Karte, die nach seiner Ansicht der Komplexität der Story entspricht. Alle Spieler decken Ihre gewählten Karten gleichzeitig auf. Die Teilnehmer mit der höchsten und niedrigsten Schätzung erklären ihre Beweggründe.

Dieser Prozess wird wiederholt, bis ein Konsens gefunden ist. Das Spiel beginnt mit der nächsten User Story von neuem und endet, wenn alle User Stories bewertet sind. Manchmal, aber nicht immer, ergeben sich in dieser Runde bereits erste Gespräche über die angestrebte Lösung. So hält ein Mitarbeiter eine Anforderung möglicherweise für sehr komplex, weil er davon ausgeht, dass zur Umsetzung eine Anpassung in der Aufbau- und Ablauforganisation vorgenommen werden muss. Ein anderer begegnet diesem mit einer sehr niedrigen Aufwandschätzung, weil er eine vergleichbare Anforderung bei einem anderen Kunden schon im Rahmen einer wiederverwendbaren Programmierung umgesetzt hat.

7.6 Organisational Change Management (OCM)

Ich beginne diesen Punkt mit einem nochmaligen Verweis auf Abbildung 1.2. Eine der am häufigsten postulierten und ebenso oft über Bord geworfenen Forderungen der Unternehmens- und IT-Leitungen ist: Wir wollen dieses Projekt dazu nutzen, uns wieder dem SAP-Standard anzunähern. Wer Standardsoftware im Standard nutzen möchte, muss die Standardprozesse verwenden. Diese sehen standardisierte Rollen und Aufgabenverteilungen vor! Daher gibt es bereits eine standardisierte Aufbau- und Ablauforganisation im System. Wenn also im Rahmen des Projekts nicht wiederum das System »verbogen« werden soll, dann muss sich folglich die Organisation anpassen. Das bedeutet: Menschen verlieren ihre bisher gewohnten Aufgabenfelder und erhalten neue. Gegebenenfalls müssen zudem Stellenbeschreibungen umformuliert und Genehmigungs-Workflows vollkommen neu konzipiert werden. Manchmal sind sogar Änderungen an der Aufbauorganisation erforderlich, um Prozesse »compliant« im Standard abzubilden.

Wenn also Ihre Organisation diesen Weg gehen soll, dann müssen Sie diesen Transformationsprozess hochrangig und kompetent besetzt begleiten. Denken Sie außerdem rechtzeitig daran, eine entsprechende Stakeholder-Analyse zu erstellen! Beziehen Sie die Mitarbeiter und ggf. deren Organisationen, AGG-Beauftrage, Betriebsräte usw. frühzeitig mit ein!

Erkannte Gaps und Deltas kann man nicht nur durch ABAP-Programmierungen, Customizing und User-Exits beheben, sondern ggf. auch durch Veränderungen in der Aufbau- oder Ablauforganisation des Unternehmens selbst. Wenn Sie dazu bereit sind und das auch im OCM gekonnt managen, dann kann es tatsächlich gelingen mit dem Wunsch: »Wir wollen nur SAP-Standard!«

Damit ergibt sich aus Abbildung 7.4, Abbildung 7.6 und Abbildung 7.8 der Ablauf über die gesamte Explore-Phase (siehe Abbildung 7.9), wobei die Nummerierung der zeitlichen Abfolge entspricht.

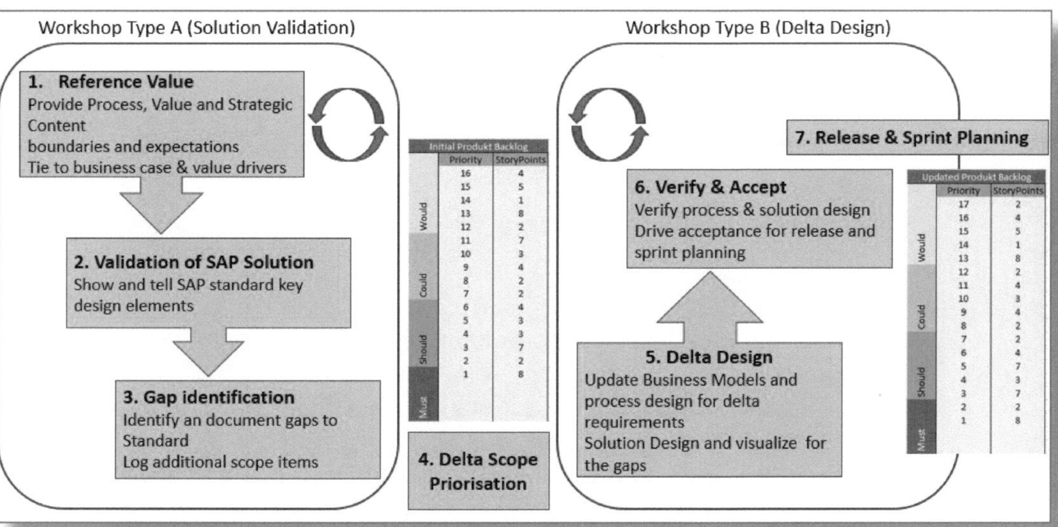

Abbildung 7.9: Workshops der Explore-Phase

7.7 Legacy Data Migration

Wie in jedem Projekt ist es auch bei einer S/4HANA-Implementierung erforderlich, die Datenmigration vorzubereiten. Diesbezüglich liefert die neue Methode keine wesentlichen Neuerungen. Dass der Datenvollständigkeit, der Datenklarheit und der Datenwahrheit äußerst große Aufmerksamkeit geschenkt werden sollte, hat sich inzwischen herumgesprochen.

Unternehmen stehen heute vor der Herausforderung, die Einnahmequelle der Zukunft (gute und vernetzte Daten über Kunden, Produkte, Gewohnheiten, Saisonbedingungen, die Konjunktur etc.) in Einklang mit den Anforderungen der europäischen Datenschutzgrundverordnung (DSGVO) zu bringen. Somit entstehen bei einigen aktuellen S/4HANA-Projekten auch Notwendigkeiten mit Blick auf das Design von Daten und deren Relationen untereinander sowie auf deren Zugriffsrechte. Darüber hinaus ist dafür Sorge zu tragen, dass auf Lösch- und Datenauskunftsersuche in angemessener Zeit und mit vertretbarem Aufwand reagiert werden kann. Daher erscheinen folgende Schritte bereits in der Explore-Phase ratsam:

- Entwickeln Sie die Datendesigns, die Pläne und das Vorgehen für die Migration von Daten.
- Definieren Sie die Prozesse und das Vorgehen, damit die Daten in der erforderlichen Qualität migriert sowie später im Betrieb ergänzt und gepflegt werden können.
- Analysieren Sie insbesondere Daten aus Drittsystemen auf deren Migrationsfähigkeit.
- Entwerfen Sie eine spezifische Architektur sowie Programme, Prozesse und Aufgaben, die zur Unterstützung der Extraktion, Validierung, Harmonisierung, Anreicherung und Bereinigung der Altdaten erforderlich sind. Falls es keine Tools für die automatische Migration gibt oder das Datenvolumen die Entwicklung eines Tools nicht rechtfertigt, planen Sie die manuelle Übernahme von Altdaten in die SAP-Datenbank entsprechend ein.

Beachten Sie, dass SAP auch für die Datenmigration einige Beschleuniger bereithält (für deren Verwendung ist teilweise ein SAP-Benutzer (z. B.: S-User) erforderlich). Dies sind z. B.:

- Excel: Data Definition Object Template, *https://support.sap.com/content/dam/SAAP/SAP_Activate/BB_79.xlsm*
- Powerpoint: Data Definition Job Aid, *https://support.sap.com/content/dam/SAAP/SAP_Activate/BB_78.pptx*
- Best Practice Explorer: Rapid Data Migration to SAP S/4HANA
- *https://rapid.sap.com/bp/#/browse/categories/sap_s%254hana/areas/migration/packageversions/RDM_S4H_OP*

7.8 Realize and Sprint Planning

Die Explore-Phase endet damit, dass Pläne für die Umsetzung in der Realize-Phase mit ihren Sprints erstellt werden (siehe Abbildung 9.1).

Die Sprints werden vom Backlog ausgehend geplant. Dabei werden in den frühen Sprints diejenigen Implementierungsaufgaben bearbeitet, die vom Product Owner entsprechend hoch priorisiert wurden. User Stories, die eine geringere Priorisierung erhalten haben, werden in spätere Sprints verlagert. Es versteht sich von selbst, dass dabei die systembedingten Abhängigkeiten zwingend beachtet werden müssen und sich diese somit auch im Backlog widerspiegeln sollten. Beispielsweise müssen die Vertriebsorganisationen im System definiert werden, bevor für den Vertrieb Genehmigungsworkflows für Angebote eingerichtet werden können. Dabei kann es sein, dass bestimmte Funktionalitäten im ersten Release nicht eingeplant werden, sondern erst im zweiten Release Berücksichtigung finden.

Folgende Regeln, die aus dem agilen Vorgehen nach Scrum (siehe Kapitel 12) abgeleitet sind, gelten für die Sprints:

- Sprints sind time-boxed: Jeder Sprint hat eine fest vorgesehene Zeitdauer mit je einem definierten Beginn und Enddatum. Die Zeitdauer ist unveränderlich!
- Mehrere Sprints folgen unmittelbar aufeinander – wie bei einem Staffellauf.
- Der letzte Sprint einer Sprintfolge dient als *Firm-up-Sprint* dazu, die funktionalen vorangegangenen Sprints in Form eines Szenarios zusammenzufassen.

Sprintfolge

- Sprint 1: dient der Einrichtung von Bestellanforderung (BANF) und Bestellung.
- Sprint 2: dient der Einrichtung des Lieferungs- und Rechnungseingangs sowie der Zahlung.
- Firm-Up-Sprint: Das gesamte Szenario von der BANF bis zur Zahlung wird funktional getestet und dem Kunden vorgestellt.

Mit der Fertigstellung eines Releases nach mehreren Sprints beginnt eine Testphase. Vor der Auslieferung in den produktiven Betrieb werden die Integrationstests (I-Test) und die User Acceptance Tests (UAT) durchgeführt. Diese Planung wird schließlich vom Kunden abgenommen.

8 Exkurse

SAP liefert bereits seit einiger Zeit den Solution Manager im Release 7.2 aus und legt allen Kunden dessen Verwendung nahe. Damit entstehen bei einigen Kunden schnell die Fragen, ob dessen Einsatz verpflichtend ist und was dies finanziell sowie vom Aufwand her bedeutet. Auf den finanziellen Aspekt der Anschaffung möchte ich hier nicht eingehen, da dies – wenigstens in der Vergangenheit – vielfach individuell ausgehandelt wurde. Die weiteren Fragen möchte ich jedoch gerne aufgreifen.

8.1 Mit oder ohne SAP Solution Manager

Die SAP empfiehlt grundsätzlich die Verwendung des *SAP Solution Managers (SolMan)*. Dieser stieß als projektbegleitendes Tool in der Vergangenheit jedoch nicht bei allen Anwendern auf ungeteilte Gegenliebe. Insbesondere kleinere Kunden scheuten den Aufwand, den eine weitere Systeminstanz mit sich bringt. Auch die Performance des Systems ließ aus Kundensicht mitunter zu wünschen übrig – die Gründe sollen hier nicht näher erörtert werden. Kurzum, der SolMan, wie er gemeinhin liebevoll genannt wird, erfreute sich nicht überall großer Beliebtheit.

Aus aktueller Sicht kann dazu Folgendes gesagt werden: Der SolMan ist funktional erweitert worden. Vieles, was Kunden in der Vergangenheit schmerzlich vermisst haben, steht seit dem Release 7.2 des Solution Managers zur Verfügung. Die Performance ist nach einigen Patches ebenfalls besser. Also ist alles in bester Ordnung, oder?

Für den SolMan spricht, dass er außer für die Projektdokumentation nach Abschluss des Projekts auch für das Incident-Management, also als Fehler-Trackingtool, verwendet werden kann. Er bietet somit die Möglichkeit, ein System von dessen initialer Einrichtung an sowie über den gesamten Lifecyle-Prozess im Betrieb durchgängig und integriert zu dokumentieren.

Allerdings gibt es auch im aktuellen Release des SolMan immer noch eine Menge Verbesserungspotenzial. Dazu zählt aus meiner Sicht insbesondere, dass die Phasen, wie sie in SAP Activate vorgegeben sind, an keiner Stelle im SolMan wiedererkennbar sind. Es wäre also Aufgabe des Projekts, die entsprechende Ablagestruktur aufzubauen. Hier wäre es doch hilfreich, auf anpassbaren Standard-Content zurückgreifen zu können. Überhaupt ist sicherzustellen, dass der SolMan bereits zu Projektbeginn vorliegt, sofern alle Phasen des Projekts in ihm abgebildet werden sollen. Dies bedeutet aber, dass es bei einigen Kunden vor dem eigentlichen Projekt ein Vorprojekt geben müsste, eben zur Implementierung des SAP Solution Managers.

Schaut man sich die einzelnen Funktionalitäten im Detail an, so hat der SolMan den klaren Vorteil einer nahtlosen Integration in eine bestehende SAP-Systemlandschaft. Allerdings können auf bestimmte Funktionen spezialisierte Applikationen, wie beispielsweise das Incident-Handling, diese nach wie vor besser umsetzen.

Mein Tipp lautet: Wenn Sie ohnehin planen, in Zukunft mit dem SolMan zu arbeiten, dann beginnen Sie damit sofort! Gleiches gilt, wenn Sie derzeit noch keine vergleichbaren Tools verwenden. Wenn Sie allerdings andere geübte Verfahren zur Implementierung und für ein späteres Systemmanagement im Einsatz haben und derzeit kaum die Kraft für ein zusätzliches Projekt aufbringen können, dann verzichten Sie vorläufig darauf. Anders als oftmals behauptet wird, geht es auch ohne SolMan – wenigstens derzeit noch. Ich kenne einige Kunden, die sich für SAP Activate entschieden und ihr Projekt z. B. mit JIRA und Confluence gesteuert haben; beides Produkte der Firma Atlassian, die sich am Markt ebenfalls hoher Beliebtheit erfreuen.

8.2 Best Practice Content

Wann immer Sie zurzeit über eine S/4HANA-Einführung sprechen, taucht schnell die Frage auf, ob man SAP-Standards in Form der Best Practices verwenden kann. Anders als beim SolMan lege ich Ihnen nahe, den Best Practice Explorer auf jeden Fall anzuschauen, selbst wenn Sie davon ausgehen, dass Ihr Unternehmen aufgrund der hohen

Anzahl von Anpassungen nicht vom Best Practice Explorer profitieren kann. Ich habe viele Kunden kennengelernt, deren System im Verlauf von Jahren derart umfangreich gewachsen und immer wieder angepasst worden ist, dass die Vorstellungskraft für ein schlankes, funktionales Design verloren ging.

Erst nach einem Blick auf ein klar konfiguriertes, performantes System mit schlanken Prozessen hat mancher Vorstand, Geschäftsführer oder Inhaber eine Entscheidung für den Start auf der grünen Wiese getroffen. Ganz ehrlich: Es macht Spaß, wenn Prozesse ohne Wenn und Aber durchgehen. Das soll aber nicht heißen, dass es am Ende nicht doch gute Gründe dafür geben kann, auf die vorgedachten Prozesse und Einstellungen der SAP zu verzichten.

Einspielen von Best-Practice-Prozessen

Im Rahmen vieler Schulungen zum Thema SAP Activate habe ich gehört, dass das Einspielen von Best-Practice-Prozessen in eine bestehende, von R/3 und ERP nach S/4HANA migrierte Umgebung, wohl nicht ganz trivial sei. Zu häufig widersprächen sich bestimmte Einstellungen und die eingespielten Configuration Packages »zerschössen« dann kundeneigene Einstellungen. Ich selbst habe das noch nicht erlebt, möchte es hier aber erwähnen, damit Sie zumindest hinreichend vorsichtig agieren und testen, wenn Sie sich für ein solches Vorgehen entscheiden.

8.3 Alternative Tools

Im Rahmen von Schulungen oder Beratungen zu diesem Vorgehensmodell taucht immer wieder die Frage auf, ob es nicht sinnvoll wäre, neben den von SAP angebotenen Tools auch auf Tools anderer Hersteller zurückzugreifen. Dies lässt sich nicht pauschal beantworten. Für mich gibt es hier eine ganze Reihe von Fragen, die aus Sicht des Kunden beantwortet werden müssen, bevor man diesbezüglich eine Aussage treffen kann.

- Welche Tools, die sich im Rahmen des Projekts und darüber hinaus einsetzen lassen, sind bereits im unternehmensweiten Einsatz und sollen es auch über die Einführung hinaus bleiben?
- Können die Projektmitarbeiter diese Tools sicher bedienen, und gibt es ausreichend viele Lizenzen, um ggf. auch die externen Projektmitarbeiter einzubeziehen?
- Sind aus diesen Tools heraus im Bedarfsfall Schnittstellen zu der Systemumgebung erforderlich und möglich?
- Besteht die Gefahr, dass bei auftretenden Problemen ein externer Lieferant auf den anderen deutet und umgekehrt, sodass es schwer wird, den Verantwortlichen für das Problem zu bestimmen?
- Gibt es eine begründete Sorge vor der Abhängigkeit von einem Hersteller?
- Wie wahrscheinlich ist es, dass das gewünschte Tool ausreichend lange vom Hersteller unterstützt wird?
- Wie steht es um die Remotefähigkeit dieser Produkte, und gibt es hinreichend viele (gesicherte) Zugänge, um ggf. auch extern darauf zugreifen zu können (Covid-19 hinterlässt auch hier Spuren)?

9 Realize-Phase

Zweck der Realisierungsphase ist die Umsetzung von Geschäftsprozessanforderungen auf Basis der Business Solution Validation. Die Ziele sind die endgültige Implementierung im System, die Gesamttests und die Freigabe des Systems für den Produktivbetrieb.

Während der Realize-Phase erarbeitet das Projektteam über eine Reihe von Iterationen die angestrebte End-to-End-Lösung. Diese wird schrittweise konfiguriert, getestet, dokumentiert und schließlich auch inkrementell abgenommen. Die Vorbereitung der Altdatenübernahme ist ebenfalls Bestandteil dieser Phase. Das Projektteam arbeitet aktiv mit Unternehmensvertretern zusammen, um eine gute Anpassung der erstellten Lösung an die Anforderungen aus dem Backlog sicherzustellen. Die Arbeitsergebnisse werden immer wieder den zukünftigen Benutzern gezeigt und, falls möglich, auch zur produktiven Nutzung übergeben, um die Zeit bis zum Go-Live zu verkürzen und möglichst früh Rückmeldungen zu eventuell vorhandenen Missverständnissen und daraus resultierenden Fehlentwicklungen zu erhalten. Jede Version wird in einem End-to-End-Integrationstest und einem User-Acceptance-Test gründlich geprüft.

Das Projektteam dokumentiert darüber hinaus alle Konfigurationen sowie die Lösung als Ganzes (z. B. im SAP Solution Manager). Außerdem wird die komplette Entwicklung – einschließlich Schnittstellen, Integrationsaspekte, Datenkonvertierungsprogramme, Berichte und aller erforderlichen Erweiterungen – im System umgesetzt.

In dieser Phase führen Sie die in Abbildung 9.1 dargestellten Aktivitäten durch.

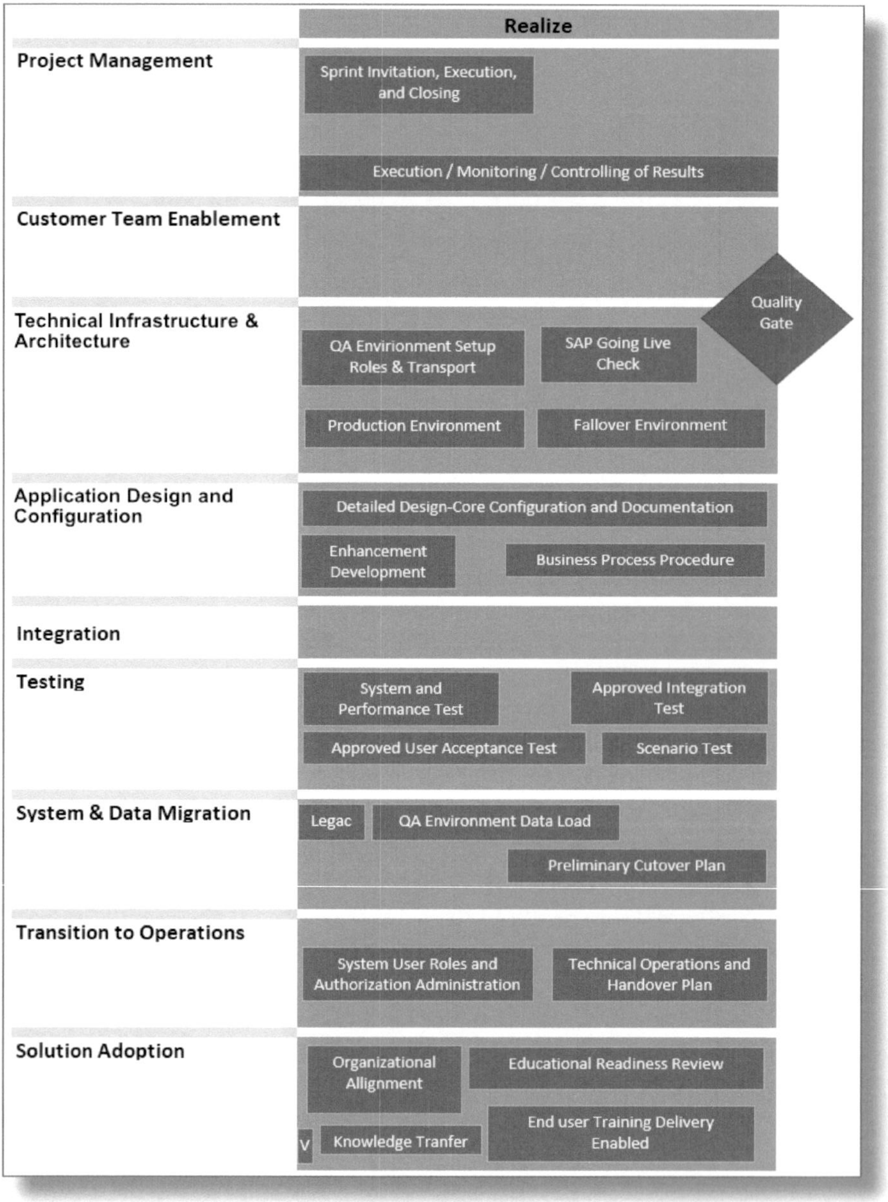

Realize

Project Management
Sprint Invitation, Execution, and Closing
Execution / Monitoring / Controlling of Results

Customer Team Enablement

Technical Infrastructure & Architecture
QA Envirionment Setup Roles & Transport
SAP Going Live Check
Quality Gate
Production Environment
Fallover Environment

Application Design and Configuration
Detailed Design-Core Configuration and Documentation
Enhancement Development
Business Process Procedure

Integration

Testing
System and Performance Test
Approved Integration Test
Approved User Acceptance Test
Scenario Test

System & Data Migration
Legac
QA Environment Data Load
Preliminary Cutover Plan

Transition to Operations
System User Roles and Authorization Administration
Technical Operations and Handover Plan

Solution Adoption
Organizational Allignment
Educational Readiness Review
V
Knowledge Tranfer
End user Training Delivery Enabled

Abbildung 9.1: Roadmap der Realize-Phase

Das Vorgehensmodell SAP Activate lehnt sich in dieser Phase sehr stark an das agile Vorgehensmodell nach Scrum an. Deshalb tauchen in dieser Phase auch vermehrt Begriffe auf, die diesem Vorgehensmodell entliehen sind. Abbildung 9.2 soll das Vorgehen während der Realisierung verdeutlichen. Scrum als agiler Prozess für Projektmanagement und Softwareentwicklung beschreibt ein inkrementelles, also iteratives Vorgehen. Je eine Iteration wird dabei als *Sprint* bezeichnet.

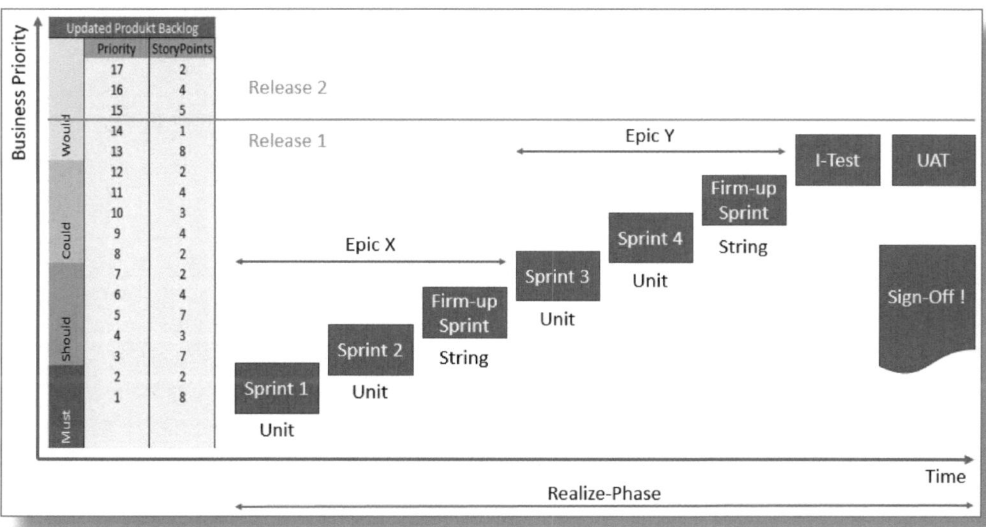

Abbildung 9.2: Iteratives Sprinten in der Realize-Phase

9.1 Deliverables der Realize-Phase

Bevor ich näher auf das Backlog eingehe, möchte ich auch für die Explore-Phase die Deliverables liefern (siehe Tabelle 9.1).

Deliverable	Verantwortlicher Workstream
Phase eröffnen	Project Management
Planung der Realize-Phase	Project Management
Sprint Initiation (iterative)	Project Management
Sicherstellung der Ausführung des Plans für die Realize-Phase	Projektmanagement, Testing
Projektsteuerung und Kontrolle	Project Management
Vorbereitung der Unternehmung auf die neue Organisation	Solution Adoption
Trainingskonzept reviewen	Solution Adoption
Wissenstransfer	Solution Adoption
Vorbereiten und Durchführen der Enduser-Qualifizierung	Solution Adoption
OCM abstimmen	Solution Adoption
Prozess #1–n-Core-Konfiguration und -Dokumentation	Application Design and Configuration
Enhancement-Entwicklung – RICEFW Object #1–n	Application Design and Configuration
Geschäftsprozesse beschreiben	Application Design and Configuration
Scenario Test #1–n	Testing
Aufsetzen der Systemumgebung für die Qualitätssicherung (QAS)	Technical Architecture Infrastructure
Einrichten des Transportwesens und der Benutzer in der QAS	Technical Architecture Infrastructure
Datenmigration in die QAS	Data Management
Abschließen der Sprints	Project Management
Realisierung der Mehrwerte überprüfen	Solution Adoption
Vorläufigen Cutoverplan aufstellen	Data Management
Abgenommener Integrationstest	Testing

Deliverable	Verantwortlicher Workstream
Datenübernahme	Data Management
Abgenommener User Acceptance Test	Testing
Aufsetzen der Produktionsumgebung (PRD)	Technical Architecture Infrastructure
Ausfallsicherheit der Systeme herstellen	Technical Architecture Infrastructure
System- und Performancetests	Testing
SAP Going Live Check	Technical Architecture Infrastructure
Benutzerrollen und Berechtigungen pflegen	Operations and Support
Übergabe an Betrieb und Support planen	Operations and Support
Abschließen der Phase und Abnahme	Project Management

Tabelle 9.1: Deliverables und Workstreams der Realize-Phase

9.2 Sprint Planning

Zu Beginn eines jeden Sprints findet das *Sprint Planning* (auch als *Sprint Planning Meeting* bezeichnet) statt. Es ist so etwas wie ein Kick-off für den Sprint. Dieses Treffen dient zur Planung der Anforderungen und Arbeitspakete, die im aktuellen Sprint umgesetzt werden sollen. Voraussetzung für das Meeting ist ein gepflegtes und priorisiertes Backlog. Es ist die Quelle zur Erstellung eines *Sprint Backlogs* mit den wichtigsten und am höchsten priorisierten Anforderungen. Das Sprint Backlog ist quasi eine Wunschliste des Product Owners für den nächsten Sprint (siehe Abbildung 9.3). Wie viele und welche Backlog Items in das Sprint Backlog aufgenommen und in der Folge tatsächlich umgesetzt werden, entscheidet das Team.

Wunschliste

Business Process Owner	Scrum Team (Consultants, Tester, Entwickler, Trainer)
Fragen des Process Owners	Das Projektteam kann empfehlen, welche Backlog-Positionen in einem Sprint bereitgestellt werden können.
Welche Produkt-Backlog-Positionen sind die am wichtigsten und müssen während des nächsten Sprints implementiert werden?	Das Projektteam kann empfehlen, was die notwendigen Aufgaben je Backlog-Position sein können.
Welche Produkt-Backlog-Positionen können entpriorisiert oder fallen gelassen werden?	Das Projektteam wird den jeweiligen Aufgabenaufwand und dessen Dauer während der Sprint-Planung schätzen.
Was sind die neuen Positionen, die dem Produkt-Backlog hinzugefügt werden müssen?	Das Projektteam wird Aufgaben festlegen, um diejenige Arbeit zu vervollständigen, zu der man sich verpflichtet hat.

Abbildung 9.3: Wunschliste im Sprint Planning

An dem Sprint Planning Meeting nehmen alle Mitglieder des Teams, der *Scrum Master* und der Product Owner teil (Rollenbeschreibungen siehe Abschnitt 12.1). Organisiert wird das Meeting vom Product Owner oder dem Projektmanagement, moderiert vom Scrum Master, der für die Einhaltung des vereinbarten Ablaufs und die Kommunikation zwischen den Beteiligten verantwortlich ist. Stakeholder, wie bspw. Anwender, Partner, Vertreter aus Vertrieb oder Marketing, können zum Sprint Planning Meeting eingeladen werden, sollten sich aber passiv verhalten. Idealerweise hat der Product Owner bereits vor dem Meeting mit den Stakeholdern über die Inhalte und die Bedeutung der Anforderungen gesprochen, was deren Anwesenheit dann obsolet macht.

Als Faustregel für den Teilnehmerkreis kann die amerikanische »Zwei-Pizza-Regel« gelten, die beispielsweise der Gründer von Amazon, Jeff Bezos, für viele seiner Meetings fordert. Diese Regel besagt, dass an einem Meeting nur so viele Personen teilnehmen, dass zwei Pizzen genügen würden, um diese zu sättigen. Von einer Pizza werden etwa vier Personen satt. Somit sollten nicht mehr als acht Personen an dem Meeting teilnehmen. Dies entspricht auch wissenschaftlichen Erkenntnissen, wonach mehr als acht Personen die Performance der Entscheidungsfähigkeit von solchen Meetings behindern.

Damit das Sprint-Team entscheiden kann, wie die Wünsche des Product Owners umgesetzt werden sollen, muss es sicherstellen, dass es seine Wünsche richtig verstanden hat. Um dies zu vereinfachen, hat der Product Owner zusammen mit den Mitarbeitern, die er im Projekt vertritt, die formalisierten User Stories in der Explore-Phase erarbeitet.

Während des Sprint Planning Meetings überprüft das Team nun nochmals, ob die Stories alle Anforderungen gemäß der »Definition of Ready« (DoR) erfüllen. Das Team wird also nur solche Stories akzeptieren, für die nachfolgende Kriterien erfüllt sind:

- Die Story ist im Backlog.
- Das Team versteht die Herausforderung.
- Das Team versteht die Bedeutung.
- Das Team hat den Aufwand geschätzt.
- Das Team weiß, wie es die Story dem Product Owner nach der Fertigstellung präsentieren wird (Abnahme).
- Das Team versteht den Gesamtzusammenhang der Story im Rahmen der Aufbau- und Ablauforganisation.
- Die Abnahmekriterien wurden vereinbart.

Vergleichen Sie hierzu auch den Beschleuniger *https://support.sap.com/content/dam/SAAP/SAP_Activate/AG_18.ppt*.

Haben sich Product Owner und Team einmal auf die Stories verständigt, die im nächsten Sprint bearbeitet werden sollen, so bricht das Team die einzelnen Stories in Aufgabenpakete (Tasks, vgl. Abschnitt 2.1, Methodology) herunter. Dies kann auf kleinen, selbsthaftenden Zetteln (Post-it) erfolgen, mit denen dann später am Scrum Board gearbeitet wird. Werden beim Ausfüllen der Zettel mehrere Farben verwendet, so kann man beispielsweise wie folgt unterscheiden (siehe Abbildung 9.4):

- Schwarz: Konfigurationstest und Bereichstest
- Blau: Prozessdokumentation
- Grün: Akzeptanztests
- Rot: Sicherheit und Berechtigungen
- Orange: Trainingsmaterialen

Auf einen Zettel kommt immer genau ein Task! Idealerweise ist der Task innerhalb von vier Stunden zu erledigen.

Beispiel:

- Eine Aufgabe je Post-it
- Maximal 4 Stunden Idealzeit je Aufgabe
- Benutze die folgenden Farbstifte:
- **SCHWARZ:** Konfiguration und Bereichstest
- **BLAU:** Prozessdokumentation
- **GRÜN:** Akzeptanztests
- **ROT:** Sicherheit und Berechtigungen
- **ORANGE:** Tainingsmaterialien (optional)

Schreibe Prozessdokument für Story XYZ	**4 Stunden**
	Dein Name

Abbildung 9.4: Post-it mit Tasks in Farbgebung

Wenn Sie sich mit dem Roadmap Viewer vertraut machen, werden Sie feststellen, dass die SAP hier bereits eine Vielzahl von wichtigen Aufgaben für die einzelnen Deliverables mit Bezug zu den Teams beschrieben hat.

Insbesondere in den frühen Sprints wissen die Teams im Allgemeinen noch nicht, wie performant sie arbeiten. Nach einigen Sprints kennt jedes Team seine eigene Performance. Diese wird als *Velocity* (Englisch für Geschwindigkeit) bezeichnet. Als Faustregel empfehle ich für die ersten Sprints, die User Stories so zu wählen, dass der gesamte Aufwand, der sich aus der Addition der Aufwände aller User Stories des Sprints ergibt, in 50–70 Prozent der Zeit erledigt werden kann, die den Teammitgliedern zur Verfügung steht. Die verbleibenden 30–50 Prozent werden im Allgemeinen für die Selbstverwaltung, die Vorbereitung und Planung der späteren Sprints, die Abstimmungen, die Meetings, die Rücksprachen und für vergleichbare Tätigkeiten benötigt. Kennt ein Team seine Velocity bereits, so kann es die Planung auf Basis dieser Kennzahl durchführen. Es versteht sich von selbst, dass zum Sprint Planning Meeting die Verfügbarkeiten der einzelnen Teammitglieder möglichst genau bekannt sein müssen. Dies bedeutet, dass geplante Abwesenheiten von Teammitgliedern rechtzeitig bekannt gegeben werden müssen. Das Sprint Planning Meeting endet damit, dass das Scrum Board für den Sprint vorbereitet wird. Dies könnte dann wie in Abbildung 9.5 aussehen.

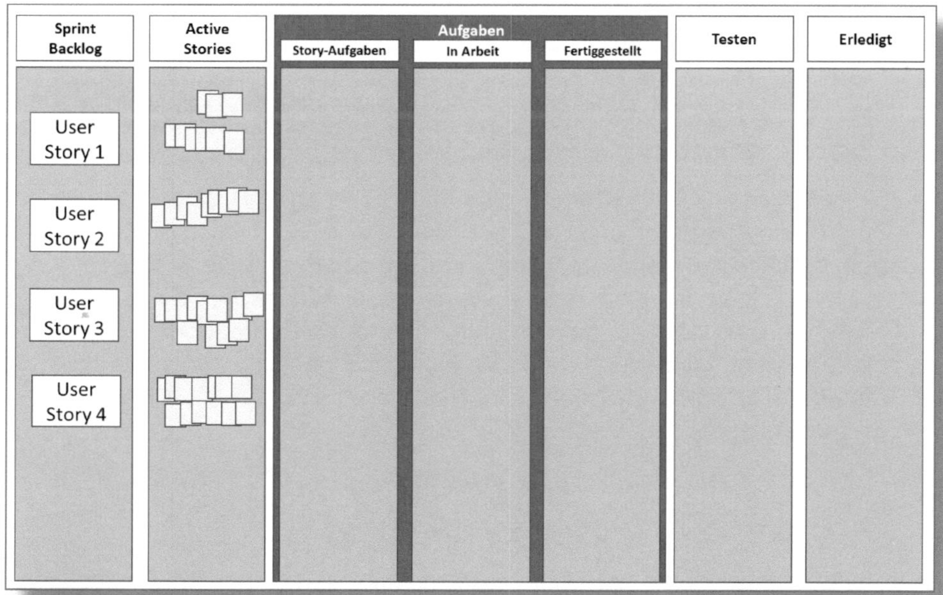

Abbildung 9.5: Scrum Board nach dem Sprint Planning Meeting

9.3 Sprint Execution (Configuration)

Jeder Sprint folgt einem festgelegten Regelwerk:

Sprints sind time-boxed (definierter Beginn und definiertes Ende). Diese Zeit wird nicht ausgedehnt! Tasks oder Stories, die nicht in der vorgesehenen Zeit abgearbeitet werden konnten, werden in das Sprint Planning Meeting für den nächsten Sprint mit aufgenommen. Das Team hat demnach die geplante Sprint Velocity nicht erreicht. Dabei kann es sogar geschehen, dass durch Umpriorisierung im Rahmen des Sprint Planning Meetings der unerledigte Task oder die unerledigte Story auch aus dem nächsten Sprint herausfällt und somit gänzlich unerledigt bleibt.

Ergeben sich während eines Sprints neue Erkenntnisse in Form von neuen Tasks oder User Stories, so werden diese zwar aufgeschrieben und in das Backlog aufgenommen, aber frühestens im Rahmen des nächsten Sprint Planning Meetings eingeplant. Erliegen Sie nicht der Versuchung, solche Punkte noch im selben Sprint zu erledigen. Die Folge ist fast immer, dass andere vereinbarte Tasks dadurch auf der Strecke bleiben. Reißt dieses Vorgehen erst einmal ein, führt das meistens dazu, dass sich das Team wiederholt verzettelt.

Die letzte Spalte des Scrum Boards heißt »Erledigt«. Genauso, wie es am Beginn des Sprints für die User Stories eine »Definition of Ready« gab, benötigen wir eine Definition für diese Spalte. Sie heißt *Definition of Done (DoD)*. In Abhängigkeit davon, ob sich das »Done« auf eine Story, ein Epic (also die Beschreibung einer Anforderung) oder ein Release bezieht, kann diese Definition ein wenig variieren. Sie sollte aber für alle Fälle schriftlich fixiert sein. Nachfolgend finden Sie einige Definitionsbeispiele:

- Die Software wurde entwickelt/konfiguriert.
- Die Software arbeitet technisch korrekt.
- Die Software liefert die gewünschten Funktionalitäten.
- Die Software ist gemäß den Vereinbarungen dokumentiert.
- Die Software wurde in die Testumgebung transportiert.

- Die vereinbarten Testkriterien gemäß DoR werden erfüllt.
- Die Trainingsunterlagen wurden erstellt.
- Das Scrum Board ist »up to date«.

Selbstverständlich gibt es eine ganze Reihe von elektronischen Helferlein, wenn es darum geht, das Scrum Board als Datei zu verwalten. Dies ist insbesondere dann erforderlich, wenn die Mitarbeiter des Scrum-Teams nicht gemeinsam an einem Ort – idealerweise sogar in einem gemeinsamen Projektbüro – zusammenarbeiten können.

Ein Projektbüro als Arbeitsort für das gesamte Team hat den Vorteil sehr kurzer Abstimmungswege. Die Teammitglieder können so am einfachsten voneinander lernen und Herausforderungen gemeinsam lösen. Im Rahmen von Schulungen zum Vorgehensmodell werde ich immer wieder gefragt, ob es denn wirklich nötig sei, Scrum-Projekte co-located durchzuführen. Meine Standardantwort ist stets: »Versuchen Sie es, kämpfen Sie dafür! Es lohnt sich!« Dies ist nicht nur mit Blick auf einen besseren Zusammenhalt im Team, sondern in fast allen Fällen auch mit Blick auf das Projektbudget gewinnbringend.

Nahezu alle erfolgreichen Projekte, welche die Einführung von SAP S/4HANA zum Ziel hatten, waren u. a. deswegen erfolgreich, weil die Teams – so wie es die Methode vorschlägt – an einem Ort zusammen sprinten durften. Als Gleichnis verwende ich hier gerne das Bild eines 400-Meter-Staffellaufes: Wenn Sie der Auffassung sind, dass die Läufer der Staffel auf unterschiedlichen Sportplätzen starten können, sie also eine wirklich geeignete Form für die Übergabe des Staffelstabes gefunden haben, dann können Sie es machen. Um allerdings ehrlich zu sein, habe ich einen solchen Staffellauf noch nie erfolgreich beobachten können. Sollte es also, ganz gleich aus welchen Gründen, eine Entscheidung gegen Ihre Empfehlung geben, verteilt zu arbeiten – dann bestehen Sie wenigstens darauf, dass die Teams zumindest die ersten Sprints an einem Ort durchführen dürfen, sodass sie sich wirklich kennenlernen können. Damit besteht wenigstens eine Chance, dass im weiteren Verlauf eine gute Zusammenarbeit auch dann möglich ist, wenn es keine gemeinsame Location für das Team gibt.

Dem Scrum Board kommt während der Durchführung des Sprints eine wichtige Rolle zu. Das ganze Team versammelt sich einmal täglich im Rahmen eines Meetings – auch *Daily Team Meeting* genannt – am Scrum Board. Kurz nach dem Beginn des Sprints könnte das Scrum Board etwa wie in Abbildung 9.6 aussehen.

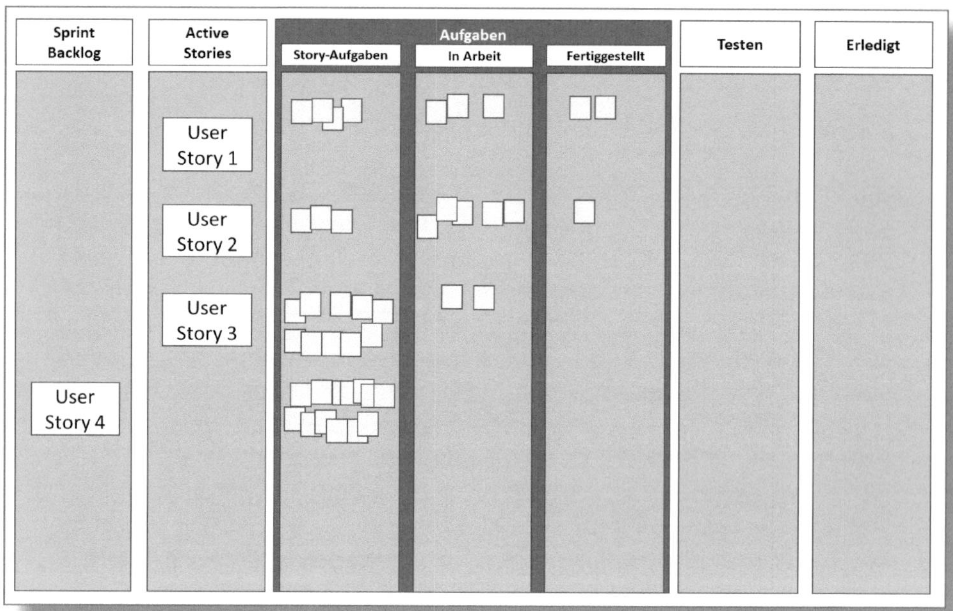

Abbildung 9.6: Scrum Board nach Beginn des Sprints

Die User Stories 1 bis 3 sind bereits in Arbeit. Dabei sind ein oder mehrere Tasks in Bearbeitung oder wurden erledigt, während User Story 4 bisher noch von keinem Projektmitarbeiter angefasst wurde.

Der Fortschritt im Sprint wird also am Scrum Board visualisiert. Dieses papiergebundene Vorgehen wird oft als Spielerei abgetan. Wer allerdings schon einmal erlebt hat, wie motivierend sich diese Visualisierung auf ein Sprintteam auswirken kann, der wird es nicht länger belächeln, sondern freudestrahlend zur Kenntnis nehmen, dass es das gibt. Zudem werden hier Probleme sehr schnell – im wahrsten Sinne des Wortes – sichtbar. Täglich, idealerweise morgens, trifft sich das Sprint-Team am Board zum Daily Team Meeting. Dies funktioniert natürlich nur bei Teams, die an einem Ort, also co-located arbeiten. Ist das Team rund um den Globus verteilt, wird es bereits durch die Zeitverschiebung kaum möglich sein.

9.4 Daily Team Meeting

Das Daily Team Meeting folgt einem fest vorgegebenen Ablauf. Es wird vom Scrum Master moderiert. Jedes Teammitglied nimmt teil und beantwortet folgende Fragen:

- Was habe ich seit dem letzten Team Meeting gemacht?
- Was werde ich bis zum nächsten Meeting tun?
- Was hindert mich daran, dies erfolgreich zu tun?

Optional kann der Scrum Master noch jedes Teammitglied darum bitten, mitzuteilen, wie sicher sich jeweils das einzelne Teammitglied ist, dass die geplanten Sprintziele im Rahmen des Sprints erreicht werden (etwa auf einer Skala von 1–10).

Scrum Teams umfassen idealerweise fünf bis neun Personen. Das Team Meeting sollte also in 15 Minuten erledigt sein. Gibt es darüber hinaus Gesprächsbedarf, so wird überlegt, wer zu den Inhalten beitragen kann, und der Scrum Master setzt einen entsprechenden Termin mit Agenda auf.

Anhand der Rückmeldungen seiner Teammitglieder platziert der Scrum Master die Haftzettel mit den entsprechenden Tasks auf dem Scrum Board gemäß dem jeweils erzielten Fortschritt von links beginnend nach rechts bzw. umgekehrt von rechts nach links, wenn ein Test ein Nacharbeiten erforderndes Ergebnis aufweist. In Abbildung 9.7 bis Abbildung 9.11 sehen Sie Beispiele, wie sich ein Scrum Board im Laufe eines Sprints weiterentwickeln könnte.

Auf dem Scrum Board in Abbildung 9.7 ist zu erkennen, dass alle Tasks, die mit der User Story 1 zusammenhängen, erledigt wurden.

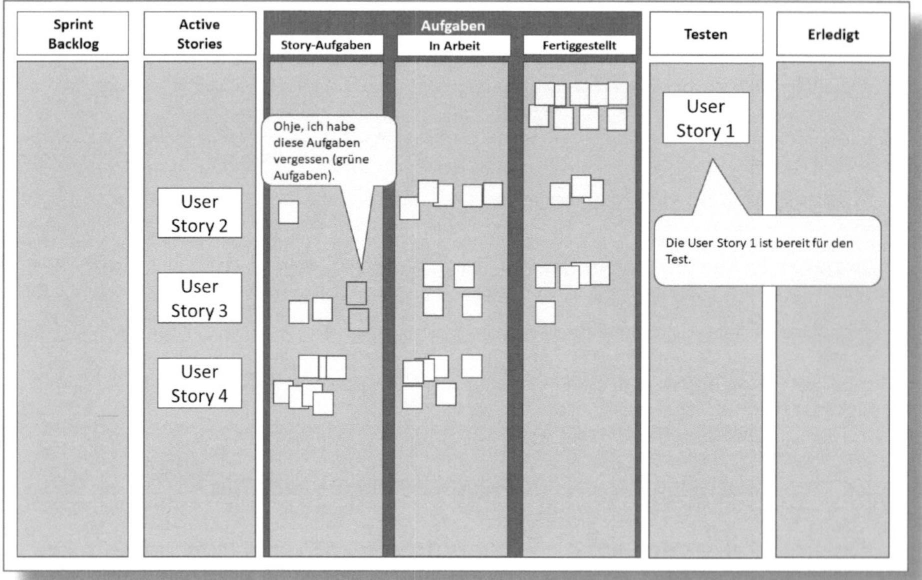

Abbildung 9.7: Scrum Board nach einigen Tagen im Sprint

Die Story selbst ist damit bereit zum Testen. Während der Arbeit an Story 3 wurden zusätzliche Tasks erkannt. Diese wurden hinzugefügt und sind in der Abbildung am dunkleren Hintergrund zu erkennen.

Story 1 ist aus dem Test zurück und hat Fehler. In Abbildung 9.8 ist dies durch die beiden dunkleren Haftnotizen dargestellt.

Nun ist die Story 1 bereit zum Retest, und auch User Story 2 kann getestet werden (siehe Abbildung 9.9).

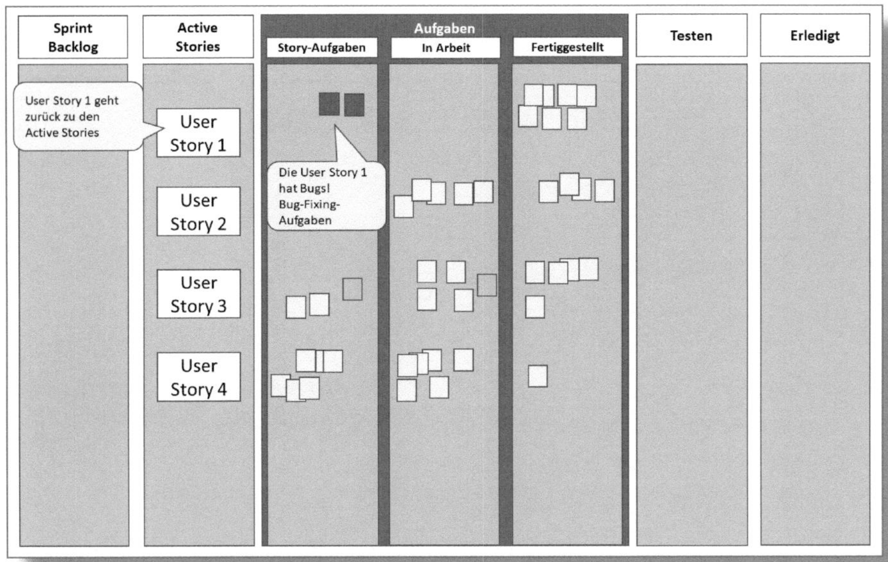

Abbildung 9.8: Scrum Board im weiteren Projektverlauf (Bsp. 1)

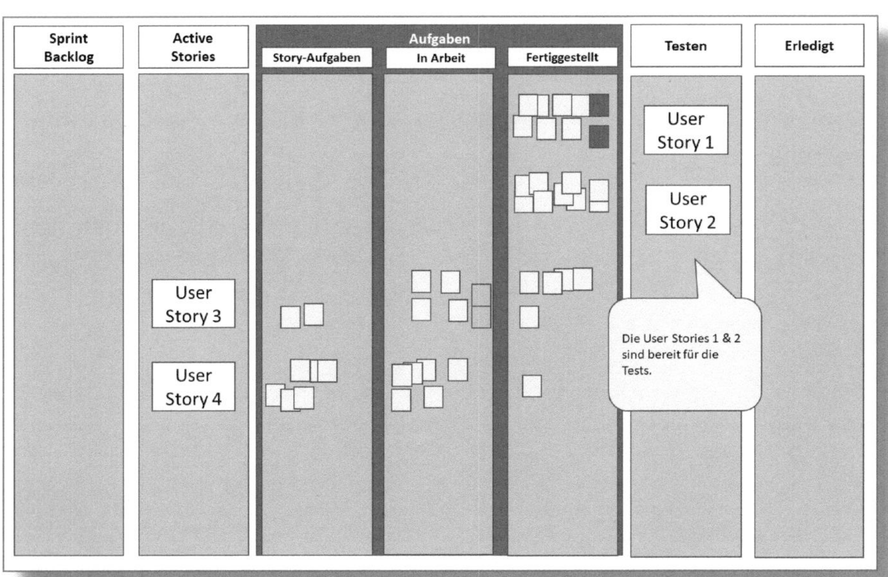

Abbildung 9.9: Scrum Board im weiteren Projektverlauf (Bsp. 2)

Im weiteren Projektverlauf ist Story 1 abgenommen, d. h. die Abnahmekriterien wurden erfüllt (siehe Abbildung 9.10).

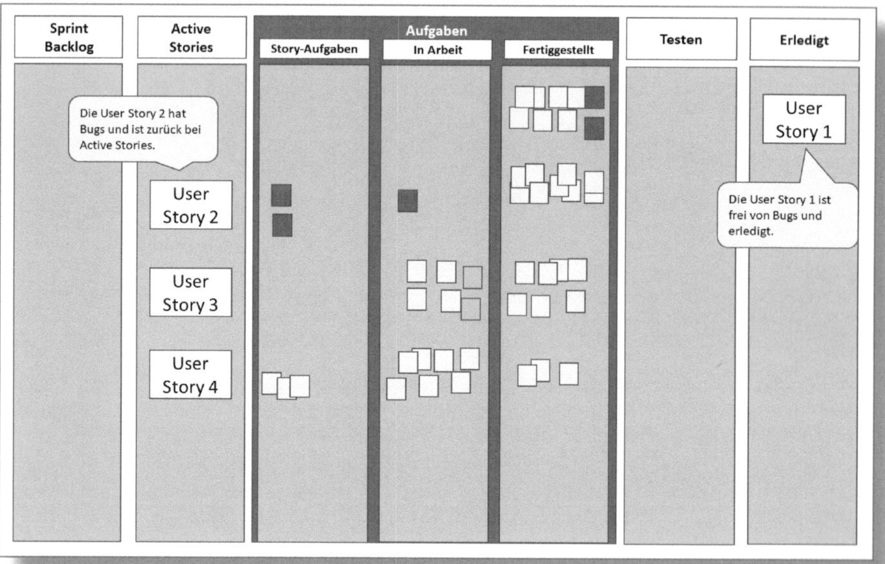

Abbildung 9.10: Story 1 ist abgenommen

User Story 2 wurde zwischenzeitlich ebenfalls getestet und ist zur Fehlerbehebung zurück.

Die Zeit ist um, das Sprint-Team hat nahezu alle Anforderungen des Sprints erfüllt. Lediglich zwei Fehler aus dem Test von User Story 4 sind noch zu erledigen (siehe Abbildung 9.11). Das ist ein ordentliches Bild für diesen Sprint.

Pflegt der Scrum Master den Projektfortschritt zusätzlich im Backlog, so kann in diesem die Velocity (Geschwindigkeit) abgelesen werden (siehe Abbildung 9.12).

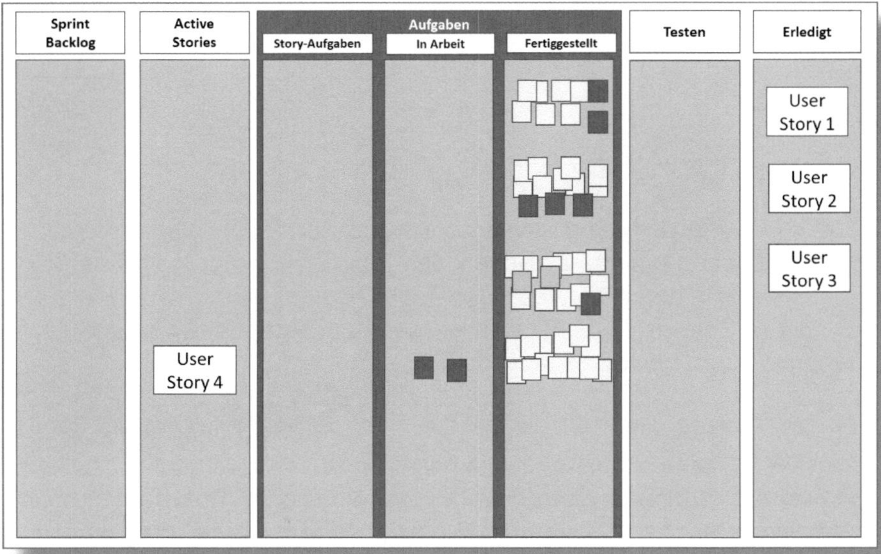

Abbildung 9.11: Ende des Sprints

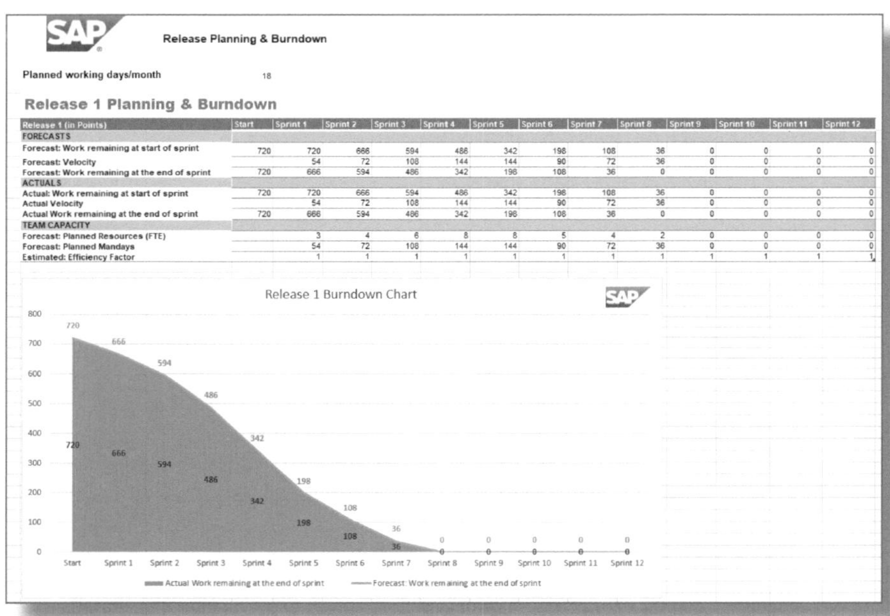

Release Planning & Burndown

Planned working days/month 18

Release 1 Planning & Burndown

Release 1 (in Points)	Start	Sprint 1	Sprint 2	Sprint 3	Sprint 4	Sprint 5	Sprint 6	Sprint 7	Sprint 8	Sprint 9	Sprint 10	Sprint 11	Sprint 12
FORECASTS													
Forecast: Work remaining at start of sprint	720	720	666	594	486	342	198	108	36	0	0	0	0
Forecast: Velocity		54	72	108	144	144	90	72	36	0	0	0	0
Forecast: Work remaining at the end of sprint	720	666	594	486	342	198	108	36	0	0	0	0	0
ACTUALS													
Actual: Work remaining at start of sprint	720	720	666	594	486	342	198	108	36	0	0	0	0
Actual Velocity		54	72	108	144	144	90	72	36	0	0	0	0
Actual Work remaining at the end of sprint	720	666	594	486	342	198	108	36	0	0	0	0	0
TEAM CAPACITY													
Forecast: Planned Resources (FTE)		3	4	6	8	8	5	4	2	0	0	0	0
Forecast: Planned Mandays		54	72	108	144	144	90	72	36	0	0	0	0
Estimated: Efficiency Factor		1	1	1	1	1	1	1	1	1	1	1	1

Abbildung 9.12: Burndown Chart in MS-Excel

Wie weiter oben erwähnt, gibt es das Backlog als Beschleuniger in der Methode. Es basiert auf Microsoft Excel (vgl. Abschnitt 7.2).

9.5 Scrum of Scrums

Natürlich erfordert eine Implementierung von SAP S/4HANA auch Abstimmungsmeetings zwischen den Teams. Da es aber keine Teilprojektleiter gibt, entsendet jedes Team dasjenige Teammitglied zum Scrum of Scrums Meeting, das passend zur Agenda etwas aus dem eigenen Team beitragen kann.

Daraus wird bereits deutlich, dass es kein Meeting ohne Agenda geben kann. Reine Statusmeetings beispielsweise sind obsolet. Schließlich ist der Status für jedes Scrum Team am Scrum Board erkennbar, wie wir weiter oben gesehen haben. Unabhängig davon kann der Project Manager zusammen mit den Scrum Mastern einen zusammenfassenden Status für den Lenkungsausschuss pflegen. Aus dieser bürokratischen Notwendigkeit wird das Scrum Team aber herausgehalten.

Scrum of Scrums Meetings sollten eine Agenda haben, die eine Dauer von maximal 60–120 Minuten vorsieht. Das Meeting selbst folgt ähnlichen Regeln wie das Daily Meeting:

- Welchen Fortschritt hat unser Team seit dem letzten Meeting erzielt?
- Woran arbeiten wir gerade?
- Welchen Herausforderungen sehen wir uns gegenüber, die in diesem Meeting der Klärung und somit der Zusammenarbeit mit anderen Teams bedürfen?

9.6 Walkthrough/Review

Jeder Sprint beinhaltet kurz vor Abschluss einen *Walkthrough*. Dies ist ein Meeting, in dem das Team dem Product Owner und ggf. anderen betroffenen Endbenutzern die erarbeiteten Funktionalitäten vorstellt.

Im Grunde ist dies ein Meeting, das sicherstellt, dass die Endbenutzer am Ende genau diejenige Funktionalität erhalten, die sie im Rahmen der User Stories beschrieben haben. Falls es nun doch zu Missverständnissen gekommen sein sollte, das Team also geglaubt hat, es wisse, was zu entwickeln sei, die Endbenutzer meinten, sie hätten alles exakt beschrieben, dem aber gerade eben nicht so ist, so erhält das Team zumindest sehr frühzeitig ein entsprechendes Feedback und baut nicht noch monatelang weiter auf einer falschen Entwicklung auf. Dementsprechend kann sehr früh gegengesteuert werden. Der Walkthrough ist somit eine Abnahme der Ergebnisse, die der Sprint hervorgebracht hat. Auch an dieser Stelle ist es wichtig, dass die Veranstaltung moderiert wird. Allzu gerne kommt es ansonsten zu Aussagen ähnlich der Folgenden:

»Das sieht ja schon ganz gut aus, aber wenn ich jetzt so recht darüber nachdenke, dann wäre es doch gut, wenn man noch dies und jenes ergänzte.«

Achten Sie darauf, dass in diesem Zusammenhang nur Funktionalitäten verworfen werden, bei denen es wirklich zu Missverständnissen gekommen war, nicht aber immer wieder neue Funktionalitäten nachverlangt werden können! Handelt es sich also um Nachforderungen, so gilt es, diese erneut als User Story in das Backlog aufzunehmen. Damit gehen solche zusätzlichen Wünsche nicht verloren, sondern werden im Rahmen des Projektverlaufs gemäß ihrer noch zu ermittelnden Priorität mit eingeplant. Dies stellt einerseits sicher, dass sich die Endbenutzer mit ihren Wünschen ernst genommen fühlen, sorgt aber andererseits dafür, dass tatsächlich nur solche Funktionen entwickelt werden, die entsprechend ihrer Priorität für das Business und den Projektfortschritt erforderlich sind.

9.7 Data Migration

Die kaum zu überschätzende Bedeutung der Datenmigration im Rahmen von ERP-Implementierungsprojekten mit den dazugehörigen Fragestellungen zur Datenbereinigung und Datenarchivierung ist inzwischen gemeinhin bekannt. Daran ändert sich durch das neue

Vorgehensmodell SAP Activate nichts. Insofern müssen die für die Migration zuständigen Teammitglieder lediglich darauf achten, dass die Migrationsaktivitäten mit den in den jeweiligen Sprints geplanten Funktionalitäten abgestimmt werden. Die Tasks sind aber die gleichen, die es auch in der Vergangenheit bei wasserfallbasierten Projekten gegeben hat.

9.8 End-to-End-Tests

Das, was im Vorfeld mit Blick auf die Migration gesagt wurde, gilt sinngemäß auch für die End-to-End(E2E)-Tests. Ein ERP-System ist ein integriertes System und sollte deshalb auch integriert getestet werden. Das war schon immer so und wird wohl auch noch eine ganze Weile so bleiben. Testen Sie nicht nur isoliert einzelne Funktionen, sondern so, wie der Name es vorgibt, ganze Prozesse, wie beispielsweise:

- Procure-to-Pay oder
- Order-to-Cash.

Nur so können Sie sicher sein, dass zum Go-Live das Business des Unternehmens mithilfe des Systems erwartungsgemäß abgebildet werden kann. In den meisten Fällen können diese Tests erst kurz vor der Aufnahme des Produktivbetriebs durchgeführt werden, da die vielen einzelnen Tasks, Stories und Epics erst jetzt miteinander verzahnt sind. Deshalb hat auch das veränderte, neue Vorgehensmodell der SAP nahezu keinen Einfluss auf die auszuführenden Tätigkeiten.

9.9 Operations Setup

Es ist mir wichtig, an dieser Stelle auf die immense Bedeutung dieses Punktes hinzuweisen. Insbesondere, wenn neben der technischen Implementierung auch größere Herausforderungen im Rahmen des OCM zu bewältigen waren, sollte auf dieses Thema ein besonderes Augenmerk gerichtet werden. Folgende Aufgaben gehören dazu:

- Die Endbenutzer sind zu trainieren.

- Jeder Mitarbeiter kennt und versteht seine neuen Aufgaben im Rahmen der Veränderungen in der Aufbau- und Ablauforganisation.
- Die Support-Organisation ist in die Lage zu versetzen, das neue System zu unterstützen.
- Die neuen administrativen Aufgaben im Rahmen des Systembetriebs müssen bekannt sein und verteilt werden.
- Betroffene Stakeholder (z. B. Kunden oder Lieferanten) sind über die Auswirkungen der Veränderungen zu informieren und wissen dann, was zu erledigen ist, damit die unternehmensübergreifenden Prozessketten weiterhin reibungslos funktionieren.

Diese Liste erhebt keinen Anspruch auf Vollständigkeit.

9.10 Retrospective

Das *Retrospective Meeting* ist ein integraler Bestandteil der Scrum-Methode. Leider konnte ich in einigen Projekten der Vergangenheit beobachten, dass diesem Punkt nicht die Aufmerksamkeit gewidmet wird, die er verdient. In Kapitel 6 (Deliverables der Prepare-Phase) habe ich beschrieben, wie wichtig die eigenverantwortlichen Tätigkeiten des Teams sind. Besonders erfolgreich agieren solche Teams, die in der Lage sind, voneinander und miteinander zu lernen, um sich als einzelnes Teammitglied, insbesondere aber als ganzes Team stetig zu verbessern. Eben genau dazu dient diese Zusammenkunft. Das Team trifft sich, um den letzten Sprint zu bewerten:

- Was war gut und soll dementsprechend beibehalten werden?
- Was hat sich nicht bewährt und soll deshalb in späteren Sprints nicht wiederholt werden?
- Was soll neu ausprobiert werden?

Hat sich das Team in der Vergangenheit stets um Öffentlichkeit bemüht, also beispielsweise im Rahmen des Walkthroughs oder beim

Daily Meeting jeden der wollte teilnehmen lassen, so ist Retrospective ein internes Meeting. Im Grunde versteht sich dies schon deshalb von selbst, weil es den einzelnen Teammitgliedern im Rahmen dieses Meetings möglich sein muss, wertschätzende Kritik untereinander auszutauschen. Jeder weiß aus eigener Erfahrung, dass dies mit jedem zusätzlichen Ohrenpaar immer schwieriger wird. Der Kreis bleibt folglich klein und alles, was in einem solchen Meeting besprochen wird, bleibt in dieser Gruppe.

In Abschnitt 12.1 werde ich noch genauer auf das Rollenverständnis, beispielsweise des Scrum Masters, aber auch auf die Aufgaben aller anderen Rollen in diesem Vorgehensmodell eingehen. An dieser Stelle sei allerdings bereits darauf hingewiesen, dass die Retrospektive mit einem Scrum Master, der seine Rolle mit der des Teilprojektleiters verwechselt, regelmäßig gefährdet ist: »Es läuft doch alles, ich habe doch alles im Griff. Wofür brauchen wir dann noch solche zeitraubenden Laberrunden?!«

Das Unterlassen von Retrospektiven ist für mich inzwischen ein sicheres Indiz dafür geworden, dass es sich bei dem Projekt nicht um ein SAP-Activate-Vorgehen handelt; selbst dann nicht, wenn es explizit so benannt wurde. Für sich genommen ist das nicht schlimm. Allerdings gehen mit dem Entfall der Retrospective in den allermeisten Fällen auch weitere Aspekte dieser Projektmethodik verloren. Dies sind häufig:

- Gute Kommunikation im Team und zwischen den Teams
- Selbstorganisation des Teams (meistens führt zu diesem Zeitpunkt bereits eine Teil-Projektleitung)
- Die eigentlich steile Lernkurve des einzelnen Projektteammitglieds und des Teams als Ganzes

10 Deploy Phase

Ziel dieser Phase ist es, das Produktivsystem einzurichten, die Bereitschaft zur Übernahme seitens der Kundenorganisation sicherzustellen und den Geschäftsbetrieb auf das neue System umzustellen.

Lösen Sie in dieser Phase, deren Roadmap Abbildung 10.1 zeigt, alle verbliebenen Herausforderungen. Die Liste ist noch recht lang:

- Systemtests durchführen
- Überprüfen, ob das Systemmanagement vorhanden ist
- Fortführung der Umstellungsaktivitäten, einschließlich der Datenmigration
- Umsetzen der Übergangs- und Umstellungspläne einschließlich Organisationsänderungsplänen (OCM)
- Durchführen aller geplanten Endbenutzerschulungen
- Identifizieren und Dokumentieren aller Probleme, die beim Übergang zur neuen Lösung auftreten
- Überwachen der Ergebnisse von Geschäftsprozessen und des Verhaltens der Produktionsumgebung
- Einrichtung des Operations Control Center (OCC) oder eines »Extra-Care«-Kompetenzzentrums für den Support, auch als Customer Care Center (CCC) bezeichnet, das Folgendes bietet:
  - Produktion-Support-Prozesse
  - Exception-Monitoring-Prozesse
  - Extra-ordinary-Technical-Support
  - System-Enhancements

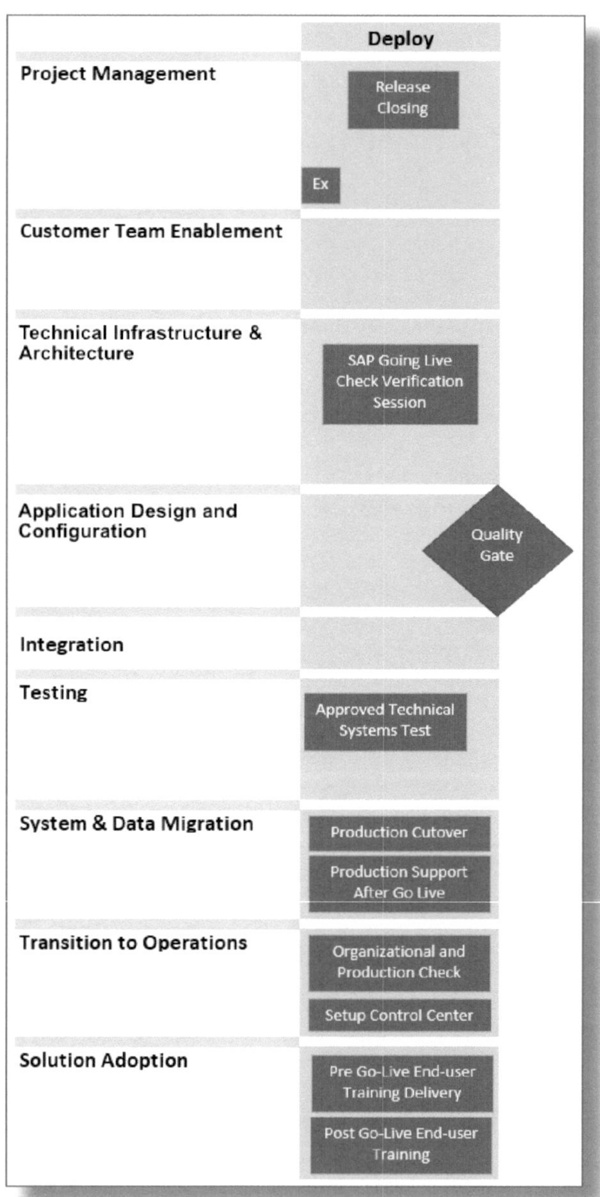

Abbildung 10.1: Roadmap der Deploy-Phase

10.1 Deliverables der Deploy-Phase

Die letzte Kernphase umfasst die in Tabelle 10.1 angegebenen Deliverables:

Deliverable	Verantwortlicher Workstream
Phase eröffnen	Projektmanagement
Projektsteuerung und Kontrolle	Projektmanagement
Bereitschaftsprüfung für organisatorische und produktionstechnische Unterstützung sicherstellen	Tech. Architektur und Infrastruktur, Betrieb und Support
Durchführung der Endbenutzer-Schulungen vor dem Go-Live	Solution Adoption
Technische Systemtests abnehmen	Testing
Einrichten des Operations Control Centers (OCC)	Operations and Support
Abschließen des Releases	Projektmanagement
Production Cutover	Data Management
SAP Going Live Check – Verification Session	Tech. Architektur und Infrastruktur
Anlaufunterstützung und Support für den Zeitraum nach Go-Live	Datenmanagement, Betrieb und Support, Projektmanagement
Post-Go-Live-Schulung für Endbenutzer	Solution Adoption
Projektabschluss und Abnahme	Projektmanagement

Tabelle 10.1: Deliverables und Workstreams der Deploy-Phase

Einige der Deliverables möchte ich nachfolgend kurz herausstellen.

10.1.1 Readiness Check

Geht es darum, das System für den Produktivstart vorzubereiten, dann kann das Tool *SAP Readiness Check* dabei nützliche Dienste leisten.

Dieses Self-Service-Tool ermöglicht eine schnelle, ganzheitliche Analyse Ihres SAP-Systems, um die erfolgreiche Implementierung von SAP S/4HANA zu unterstützen.

Im Umfeld einer Migration zu SAP S/4HANA tauchen zahlreiche Fragen auf, wie beispielsweise:

- Was passiert mit dem vorhandenen Kundencode?
- Wieviel OCM wird benötigt?
- Sind Schnittstellen betroffen?

Die Auswirkungen einer SAP-S/4HANA-Implementierung können also in vielerlei Gestalt auftreten.

Das geeignete SAP-Quellsystem für dieses Werkzeug ist das Produktivsystem oder eine diesem System sehr ähnliche Kopie, da das Tool die verschiedenen Auswirkungen von Geschäftsprozessen, Sizing, Benutzeroberfläche und anderen Bereichen analysiert. Geht es allerdings in erster Linie darum, nur den kundeneigenen Code zu überprüfen, so können Sie den SAP Readiness Check auch in der Entwicklungsumgebung ausführen, da in der Regel alle kundenspezifischen Entwicklungen zunächst in dieser Umgebung erfolgen und anschließend über den Transport in ein Produktivsystem übertragen werden.

Nach der Analyse des Systems durch das Tool erhalten Sie verschiedene Reports, die Ihnen Hinweise für weitere Optimierungen liefern.

10.1.2 Production Cutover

Für mich ist der Zeitraum, in dem der *Cutover* der produktiven Systemumgebung (also der Übergang auf das neue ERP-System) stattfindet, immer wieder einer der spannendsten Momente eines Implementierungsprojekts. Hier zeigt sich innerhalb weniger Stunden oder Tage, ob sich die ganze Arbeit mit allen Annahmen hinsichtlich der Ladereihenfolge von Daten gelohnt hat und die bisherige Landschaft in eine Ruhephase versetzt werden kann. Im Allgemeinen passiert dies an einem Wochenende oder innerhalb eines anderen Zeitraums, in dem die Aktivitäten beim Kunden Stillstandzeiten zulassen. Denn häufig muss für die Datenmigration das noch produktive Altsystem angehalten werden, um von dort Daten in die noch nicht produktive neue Landschaft zu migrieren. Das bedingt vielfach eine Betriebsruhe. Anschließend gehen die alten Systeme in eine Art Ruhezustand über, werden aber noch nicht vollkommen abgeschaltet. Dies geschieht einerseits, um den gesetzlichen Aufbewahrungspflichten Genüge zu tun, andererseits aber auch, um nicht Daten aus lange zurückliegenden Jahren migrieren zu müssen. Nach dem Cutover und der damit ggf. verbundenen Ruhezeit wird schließlich das neue System genutzt.

Damit dies geschehen kann, sollten folgende Voraussetzung erfüllt sein:

- Die Unternehmensorganisation ist vorbereitet und soweit ausgeprägt, dass die Software genutzt werden kann. Dies gilt gleichermaßen für die Aufbauorganisation, also die hierarchischen Organisationseinheiten, sowie für die zukünftigen Prozesse, für die jeder Einzelne seine Rolle kennen muss.
- Das Business ist vorbereitet. Jeder Mitarbeiter, der mit der neuen Systemlandschaft zu tun hat, ist hinreichend umfangreich ausgebildet, um das System entsprechend seiner Rolle zu bedienen.
- Die Tests sind erfolgreich verlaufen. Durch die Funktions-, Integrations- und Akzeptanztests ist sichergestellt, dass alle relevanten Funktionen bereitgestellt werden können.
- Die erforderliche Technik ist vorhanden und eingerichtet. Das System ist installiert und darauf vorbereitet, die Daten im Rahmen des Cutovers entgegenzunehmen.

Folgende Tätigkeiten kennzeichnen das Deliverable »Production Cutover«.

- *Go-Live-Simulation (1-n):* Der Zweck dieser Aufgabe besteht darin, die Cutover-Aktivitäten mit einigen Benutzern zu proben oder aber für größere Mengengerüste technisch zu simulieren. Dabei wird geprüft, ob alle Aufgaben bedacht wurden, ob sie in der richtigen Reihenfolge geplant sind und wie viel Zeit zum einen für die jeweiligen Elemente des Cutover-Plans, zum anderen für deren Dokumentation benötigt wird.

- *Prüfen der Datenqualität:* Ziel ist es, die Qualität der Stammdaten sicherzustellen.
- *Cutover-Plan finalisieren:* Aus den Erkenntnissen der Go-Live-Simulation wird der finale Cutover-Plan erarbeitet.
- *Durchführen der vorbereitenden Tätigkeiten:* Ziel dieser Aufgabe ist es, alle Vorbereitungsarbeiten für den Cutover durchzuführen, die noch vor dem Cutover-Wochenende abgeschlossen werden müssen. Der detaillierte Cutover-Plan enthält die vollständige Auflistung aller Aktivitäten vor dem Cutover, ihre Abhängigkeiten, Verantwortlichen und den zugehörigen Zeitplan.
- *Abnahme der Produktionsbereitschaft:* Sicherstellung der Bereitschaft des Produktivsystems für die Freigabe zum Produktivstart. Dies sollte mithilfe einer Checkliste erfolgen. Ein Beispiel, wie diese Checkliste aussehen kann, liefert Ihnen im Roadmap Viewer der Beschleuniger »Final Cutover Checklist Sample«. Dieser Vorschlag sollte natürlich an die jeweilige Kundensituation angepasst werden.
- *Durchführen von Cutover und Datenladen*: Der Zweck dieser Aufgabe ist das Laden von Produktionsdaten aus Altsystemen in die Produktionsumgebung im neuen System. Sobald alle Vorbereitungen und Konfigurationen sowohl aus technischer Sicht als auch auf Anwendungsebene abgeschlossen sind, lässt sich die endgültige Produktivlösung einrichten und die Daten können geladen werden. Damit ist der Wechsel von der alten zur neuen Produktionsumgebung abgeschlossen.
- *Abnahme der geladenen Daten*: Da im Rahmen einer Datenmigration immer etwas Unvorhergesehenes passieren kann, ist es wichtig, dass Mitarbeiter mit entsprechenden Kenntnissen die Vollständigkeit und Qualität der migrierten Daten überprüfen und freigeben.

- *Dokumentation vervollständigen*: Für die Übergabe des Systems aus der Projektverantwortung in den Regelbetrieb muss die Dokumentation vervollständigt werden. Falls der Solution Manager im Einsatz ist, sollten alle Dokumentationen dort vorgenommen werden.

11 Beschleuniger/Accelerator

Bereits mit der Einführung des Vorgehensmodells Accelerated SAP (ASAP) vor der Jahrtausendwende stellte die SAP ihren Kunden erste Beschleuniger zur Verfügung. Das hat sich über all die Jahre bewährt und deshalb auch Einzug in das aktuelle Vorgehensmodell SAP Activate erhalten.

Durch die Vielzahl von Beratungshäusern, die ihre Kunden bei der Implementierung von SAP-Produkten und -Lösungen unterstützen, konnte sich bis heute kein gemeinsames und klares Vorgehensmodell durchsetzen. Stattdessen haben sich viele Beratungsunternehmen das Vorgehensmodell ASAP angesehen und auf dessen Basis ein eigenes Modell entwickelt, das zwar jeweils etwas anders aussah, im Grunde aber ähnliche Inhalte transportierte. Statt die angegebenen Beschleuniger zu verwenden, wurden dem Kunden eigene Tools und Methoden zur Verfügung gestellt. Manches war besser als die bereitgestellten Beschleuniger der SAP, manches war weniger gut, vieles einfach ähnlich.

Nachdem ich inzwischen an unzähligen Implementierungen in unterschiedlichen Rollen beteiligt war, die jeweils von der SAP selbst oder von anderen Beratungsunternehmen geführt wurden, empfehle ich der Projektleitung auf Kundenseite, sich regelmäßig zumindest einen Überblick über die angebotenen Beschleuniger zu verschaffen. Die Möglichkeit, im Roadmap Viewer nach Themen zu filtern, machen es den verschiedenen Workstreams und den zugehörigen Mitarbeitern entsprechend leicht, die für sie relevanten Beschleuniger zu finden und zu sichten.

Ich möchte in diesem Zusammenhang betonen, dass es nicht darum geht, möglichst alle Beschleuniger zum Einsatz zu bringen, sondern mit Augenmaß jene Beschleuniger herauszusuchen, die dazu geeignet sind, die betreffende Projektsituation und das gegebene Unternehmensumfeld optimal zu unterstützen.

11.1 SAP Best Practices

Eigentlich sind die SAP Best Practices keine Beschleuniger, sondern integraler Bestandteil des Vorgehensmodells SAP Activate. In diesem Zusammenhang verweise ich nochmals auf Abbildung 2.1.

Dennoch möchte ich die Best Practices an dieser Stelle erneut hervorheben, da sie insbesondere im Falle eines Greenfield-Ansatzes zu einem erheblichen Zeitgewinn beitragen können. Der Inhalt von Best Practices gliedert sich in drei Ebenen:

1. *Solution Package:* Ein Solution Package beinhaltet alle vorkonfigurierten, direkt einsatzfähigen (ready-to-run) Geschäftsprozesse innerhalb der SAP-S/4HANA-Lösung. Der Zugriff auf diese Solution Packages ist sowohl für Cloud-Systeme als auch für On-Premise-Installationen möglich. Dabei können Sie entscheiden, ob Sie alle Solution Packages oder nur einen Teil davon implementieren.
   Typische Beschleuniger auf dieser Ebene sind:

   - eine PowerPoint-Präsentation
   - der Lösungsumfang
   - ein Überblick zu den Organisationsdaten
   - ein Überblick zu den Stammdaten
   - ein Projektplan
   - Voraussetzungen und Anforderungen an die Software

2. *Scope Items:* Ein Scope Item ist ein vordefinierter Geschäftsprozess innerhalb eines Solution Packages, z. B. der Prozess der Kundenauftragserstellung (Sales Order). Scope Items repräsentieren eine Best-Practices-Implementierungsauswahl für den Kunden. Jeder Scope Item enthält ein ganzes Set von Beschleunigern, wie beispielsweise eine detaillierte Dokumentation, die während des Projekts verwendet werden kann. Scope Items ihrerseits setzen sich aus sogenannten Building Blocks zusammen.

Typische Beschleuniger auf dieser Ebene sind:

- Scope-Item-Factsheets
- Prozessablaufdiagramme
- Test Scripts
- Scope-Item-Simulationen

3. *Building Blocks:* Unter diesem Begriff werden Bündel von Customizing-Einstellungen und Stammdaten geführt, die für einen bestimmten betriebswirtschaftlichen Vorgang erforderlich sind, z. B. für das Forderungsmanagement (Credit Management). Die Beschleuniger umfassen den Konfigurationsinhalt der jeweiligen Scope Items und die Projektdokumentation des entsprechenden Building Blocks.
   Typische Beschleuniger auf dieser Ebene sind:
   - Building-Block-Fact-Sheets
   - Configuration Guides (Konfigurationsanleitungen)
   - Activation Content (Musterdaten)

Es existieren beispielsweise Solution Packages für SAP S/4HANA oder für die SAP S/4HANA Marketing Cloud usw., d. h., die Solution Packages korrespondieren jeweils mit einer bestimmten Version einer SAP-Lösung. Haben Sie sich für ein Solution Package entschieden, so können Sie auf der Ebene der Scope Items entscheiden, ob sie diese aktivieren möchten oder nicht. Über die Auswahl bestimmter Scope Items legen Sie wiederum automatisch fest, welche Building Blocks in Ihr System übernommen werden.

Sobald Sie also Best-Practices-Inhalte aktivieren, entfällt eine Vielzahl von Tätigkeiten im Rahmen der System- und Projektdokumentation. Außerdem sind diverse Standardeinstellungen bereits vorgenommen – Best Practices können also eine erhebliche Zeitersparnis bedeuten.

11.2 Best Practice Explorer

Der *Best Practice Explorer* schließlich erlaubt Ihnen einen gezielten Zugriff auf die SAP Best-Practices. Wie bereits in Abschnitt 2.1 erwähnt, erreichen Sie ihn über den Link *https://rapid.sap.com/bp/*.

Meinen Kunden empfehle ich gerne, auch dann einen Blick in den Best Practice Explorer zu werfen, wenn Sie sich gegen dessen Verwendung entschieden haben. Selbst wenn keine oder nur sehr wenige Best Practices aktiviert werden, ist eine Betrachtung der Beschleuniger lohnend – egal, ob dies nun Beispiele von Projektplänen sind oder es sich um Test Scripts bzw. Configuration Guides handelt. Bisher ist mir stets bestätigt worden, dass es hilfreich war, hier einen kurzen Blick zu riskieren.

11.3 Roadmap Viewer

Mithilfe des SAP Roadmap Viewers ist es Ihnen möglich, die von der SAP bereitgestellten Beschleuniger schnell zu finden. Zunächst wählen Sie nach der Anmeldung, ähnlich wie im Best Practice Explorer, Ihre Lösung aus. Anschließend gelangen Sie über einen Link zu den Inhalten der entsprechenden Phasen und den dazugehörigen Beschleunigern. Sofern Sie dies bisher noch nicht gemacht haben, empfehle ich Ihnen, beim Übergang von einer zur nächsten Phase stets einen Blick auf die Beschleuniger der jeweils kommenden Phase zu werfen. Dies erlaubt Ihnen einen projektnahen Bezug und erspart Ihnen, vor dem Projekt in einem Rutsch alle Beschleuniger mühselig durcharbeiten zu müssen. Wenn das Projekt erst einmal läuft, wird Ihnen die Entscheidung leichter fallen, welche Beschleuniger in Ihrem jeweiligen Projekt hilfreich sein können.

Den Roadmap Viewer erreichen Sie über folgenden Link:

https://go.support.sap.com/roadmapviewer/

Auf den ersten Blick sieht er dem Best Practice Explorer ähnlich. Der abweichende Aufbau erlaubt jedoch einen anderen Zugang zu den Beschleunigern. Da der Roadmap Viewer nicht bis auf die Ebene der Building Blocks herunterreicht, sind allerdings die technischen Beschleuniger, wie etwa die Configuration Guides, hierüber nicht erreichbar. Auch wenn dies auf den ersten Blick wie ein Nachteil erscheint, trägt es zur Übersichtlichkeit bei und hilft, alle allgemeinen Beschleuniger schnell und einfach zu finden, die den meisten Projekten nützlich sein können.

11.4 SAP Jam

SAP Jam ist eine Kollaborationsplattform, die dazu beitragen kann, die Zusammenarbeit im Projekt zu vereinfachen. Ich möchte nicht verheimlichen, dass mein Verhältnis zu diesen Kollaborationsplattformen ein gespaltenes ist, da diese mich zwingen, neben den unvermeidlichen E-Mails in einem weiteren Tool zu lesen, ggf. zu posten und möglicherweise auch zu veröffentlichen.

Zu viele Jam-Gruppen sind unproduktiv

Vor einigen Jahren war ich bei einem Kunden, bei dem geradezu inflationär Jam-Gruppen eingerichtet wurden. Schon nach wenigen Tagen war ich Mitglied mehrerer Jam-Gruppen und nach einigen Wochen wuchs die Zahl der Jam-Gruppen, in denen ich mich wiederfand, auf einen zweistelligen Wert. Das war dann nicht mehr produktiv. So bin ich nach und nach aus allen Jam-Gruppen wieder ausgetreten und habe meine Partner dazu aufgefordert, mir alle Inhalte, von denen sie annahmen, dass sie für mich wichtig seien, direkt oder eben in der Projektablage zukommen zu lassen.

Auch aus Sicht des Kunden halte ich diese inflationäre Nutzung der Kollaborationsplattform für nicht zweckmäßig: In vielen Jam-Gruppen entsteht zwar durch Diskussion und Zusammenarbeit durchaus unternehmensrelevantes Wissen. Allerdings fehlt meist ein klar definierter Prozess, wie das in dieser geschlossenen Gruppe erarbeitete Wissen aus der Gruppe heraus zurück in das Unternehmen getragen werden soll. Dadurch besteht die latente Gefahr, dass sich eine Form von kollektivem Herrschaftswissen bei den Mitgliedern der jeweiligen Jam-Gruppe bildet, ohne dieses Wissen – was zumeist wenigstens in Teilen im Interesse des Unternehmens wäre – anschließend strukturiert an diejenigen weiterzugeben, die zwar nicht Mitglied der Gruppe sind, aber dennoch von diesem Wissen profitieren können.

Dennoch gilt: Ist man sich dieser Einschränkungen und Risiken bewusst, so kann, insbesondere bei fehlender anderer Kollaborationsplattform, SAP Jam im Projekt eine nützliche Bereicherung sein. Zusätzlich kann auf dieser Plattform – entsprechende Einrichtung vorausgesetzt – auch unternehmensübergreifend zusammengearbeitet werden. Darüber hinaus gibt es eine Reihe von SAP-Jam-Gruppen, die von Moderatoren der SAP betreut werden. Diese sind nach Anmeldung öffentlich zugänglich, z.B. SAP® Activate Methode für On-Premise-Solutions:

https://jam4.sapjam.com/groups/about_page/EAENVgSPSqyji1kDQjWt8H

Mit knapp 30.000 Mitgliedern (Stand: Mitte 2020) in dieser Gruppe und sehr aktiven Moderatoren finden Sie hier eine gute Plattform zum Austausch über das Vorgehensmodell. Über die Moderatoren erfahren Teilnehmer zudem früh von Neuerungen, Änderungen und Ergänzungen am Vorgehensmodell.

12 Rollen und Verantwortlichkeiten

Mit Bedacht habe ich das Kapitel zu Rollen und Verantwortlichkeiten nahezu an das Ende des Buches gestellt. Ich erinnere mich an eine Aktionärsversammlung während meines Studiums, an der ich als Student der Betriebswirtschaftslehre aus Interesse teilnahm. Zu diesem Zweck hatte ich extra eine (1!) Aktie eines deutschen Großkonzerns erworben. Der Vorstandsvorsitzende ließ die Aktionäre damals wissen: »Unsere Mitarbeiter sind unser größtes Kapital!«. Allein, die Mitarbeiter haben dies nie bemerkt ...

Heute haben auch die großen Konzerne in Deutschland mit dem demografischen Wandel zu kämpfen. Employer Branding und Personalmessen erfreuen sich eines nie dagewesenen Zuspruchs. Der Fachkräftemangel führt inzwischen branchenübergreifend zu einem veränderten Umgang mit Mitarbeitern. Familienfreundliche Arbeitszeitmodelle, Homeoffice-Tätigkeiten sowie eine ganze Reihe von Vergünstigungen und anderen Zusatzelementen sind in der Realität angekommen und sollen helfen, die Mitarbeiter möglichst an die Unternehmen zu binden. Wer dieses Tutorial bis hierhin aufmerksam gelesen hat, der wird vermutlich selbst bereits den Schluss gezogen haben, dass das Projektvorgehensmodell SAP Activate einen vollkommen neuen Typ von Projektmitarbeiter benötigt. Ich will kurz erklären, warum.

Teams agiler Projekte stehen vor einigen Herausforderungen, die in der Vergangenheit eine weniger elementare Rolle gespielt haben. Teams, welche die Wunschliste des Product Owners, also das Backlog, umsetzen, werden nach den Regeln des Scrum-Projektmanagements zusammengesetzt. Scrum ist das englische Wort für »Gedränge«. Ursprünglich kommt es aus dem Rugby, wo Scrum für einen Spielzug steht. An diese Teamplayer werden folgende Anforderungen gestellt (wobei das Wort selbst ja bereits eine Anforderung beschreibt):

- interdisziplinär
- eigenverantwortlich
- selbstorganisiert

Betrachten wir doch einfach mal eine idealtypische Besetzung eines solchen Teams aus Sicht der Rollen (siehe auch Abbildung 12.1):

- Scrum Master
- Project Manager
- Product (Process) Owner
- Project Team Member
  - SAP-Consultant
  - Business Analyst
  - Customer IT
  - Solution Architect
  - Developer
  - Author
  - Trainer

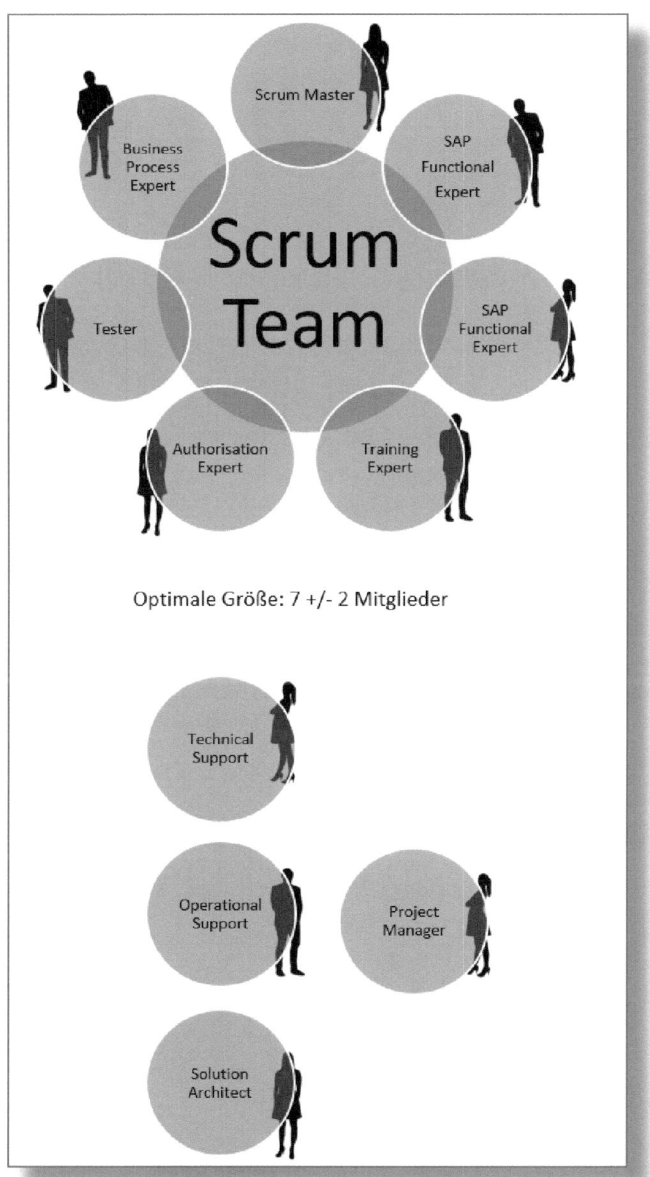

Abbildung 12.1: Beispiel eines Scrum-Teams im Projekt

12.1 Rollen im SAP-Activate-Projekt

12.1.1 Scrum Master

Beginnen wir mit dem Scrum Master, denn dies ist eine Schlüsselposition im Vorgehensmodell. Vom Können und Geschick des oder der Scrum Master hängt in sehr hohem Maß ab, ob das Vorgehensmodell zum Projekterfolg führt oder nicht. Der Scrum Master ist verantwortlich für eine gelungene Projektdurchführung nach den Vorgaben der Scrum-Methodik. Diese Rolle gleicht **nicht** der des bisher üblichen Teilprojektleiters. Statt einer leitenden Funktion hat der Scrum Master die Rolle des »Laufburschen« oder »Mädchen für alles«. Er räumt dem Team alle Hindernisse aus dem Weg, damit diese sprinten können. Er motiviert sein Team und leitet es durch das Vorgehensmodell. Typische, aber nicht abschließende Aufgaben sind:

- Hilft dem Team, Methoden und Praktiken zu adaptieren, die den Prinzipien eines agilen Projektvorgehens entsprechen
- Ermöglicht dem Team den direkten Zugang zum Endbenutzer und Product Owner
- Ist zusammen mit dem Product Owner und dem Team für die Sprint- und Release-Planung zuständig
- Organisiert die Daily Meetings
- Räumt alle Hindernisse aus dem Weg, die dem Team bei seiner Arbeit im Weg sind oder dessen Performance mindern
- Hält alle bürokratischen Aufgaben vom Team fern, die nicht unmittelbar einen Projektmehrwert schaffen
- Führt insofern das Team durch Exzellenz in der Auslieferung zum Erfolg
- Moderiert die Teamprozesse und sorgt für die Dokumentation der Teamergebnisse (Projektdokumentation, Status)

Jedes Team hat einen Scrum Master, wobei ein Scrum Master je nach Komplexität des Projekts bis zu drei Teams betreuen kann. Zusammenfassend kann man im direkten Vergleich zum Teilprojektleiter sagen: Der Teilprojektleiter hat ein Team, das für ihn arbeitet. Das Scrum Team hat einen Scrum Master, der für das Team arbeitet.

12.1.2 Product Owner

Die Rolle des Product Owners ist auf Kundenseite diejenige, welche als kritischer Erfolgsfaktor zu werten ist. Manchmal wird diese Rolle in der Literatur auch als »Process Owner« beschrieben. Er hat folgende Aufgaben:

- Ist verantwortlich für den Erfolg des auszuliefernden Produkts (hier SAP S/4HANA), repräsentiert das Business im Projekt
- Liefert eine Vision und ein Gesamtbild für das zu erarbeitende Produkt und macht eine Release-Planung. So legt er die Implementierungsdaten in Form von Inhalten und Terminen fest
- Kennt alle erforderlichen Kontakte im Unternehmen, um Reviews vorzunehmen
- Hat klare Vorstellungen vom Marktumfeld und den Zielen des Kunden
- Verfügt sowohl über ausgezeichnete Geschäftsprozesskenntnisse als auch über Einblicke in die internen Strukturen des Unternehmens
- Kennt die Standards der Software
- Kann die geplanten Funktionen und Features beschreiben
- Kann und darf die Prioritäten für das auszuliefernde Produkt bestimmen und orientiert sich dabei am Mehrwert für das Unternehmensgeschäft; legt die Inhalte des Projekts je Release fest (Backlog-Priorisierung)
- Handelt mit den Stakeholdern die auszuliefernden Funktionen aus
- Erläutert die Anforderungen an die Software gegenüber den Scrum-Teams und beschreibt die Funktionen auch im Detail

- Trägt die Marktanforderungen dem Scrum Team zum Verständnis und zur Priorisierung vor
- Kennt alle relevanten Stakeholder, weiß mit ihnen umzugehen und hat auch das erforderliche Rückgrat
- Ist ein überzeugender Sprecher und exzellenter Zuhörer
- Organisiert Tests, bzw. nimmt an ihnen teil

Die Vielzahl und die Inhalte der vorgenannten Aufgaben machen schnell deutlich, dass der Product Owner zwingend aus der Kundenorganisation kommt. Im Idealfall handelt es sich um eine bei Mitarbeitern und Management allgemein anerkannte Unternehmenspersönlichkeit, deren Meinung gefragt ist.

An dieser Stelle möchte ich anmerken, dass ich wegen falscher Besetzung in dieser Rolle schon agile Projekte habe scheitern sehen. Die Kernfehler waren dann meistens:

- Der Product Owner kann, will oder darf nicht entscheiden, sondern muss sich ständig bei anderen Stakeholdern rückversichern, was zu nennenswerten Verzögerungen bis hin zum Stillstand des Projekts führt.
- Der Product Owner ist nicht im erforderlichen Umfang präsent oder steht nicht kurzfristig genug zur Verfügung. Dies passiert meistens, wenn der Product Owner auf mehreren Projekten tätig ist, bzw. noch eine nennenswerte Funktion in der Linienorganisation des Unternehmens hat.
- Schließlich sind manche Product Owner nicht hinreichend für diese Aufgabe qualifiziert.

Gute Product Owner können Sie am ehesten finden, wenn Sie schauen, wem die Implementierung am meisten Nutzen bringen wird. Das bedeutet, dass diejenige Abteilung bzw. der Bereich den Product Owner stellen sollte, die bzw. der von der Einführung am stärksten profitiert. Im Rahmen einer SAP-Implementierung, bei der es eine ganze Reihe von Profiteuren geben kann, kann es sinnvoll sein, eine Product-Owner-Hierarchie aufzubauen. Wichtig ist, dass Entscheidungen in jeder Projektsituation schnell herbeigeführt werden können.

12.1.3 Project Manager

Der Project Manager ist verantwortlich für die erfolgreiche Projektdurchführung, das rechtzeitige Ausliefern der erwarteten Projektziele zum gewünschten Datum mit dem gegebenen Budget und in der erforderlichen Qualität. Seine Rolle umfasst folgende Aufgaben:

- Project Charter
- Stakeholder Management
- Project Team Management
- Kommunikation des Projekts
- Allokation der Ressourcen
- Projektplan
- Öffnen und Schließen der Phasen
- Erstellen von Managementplänen für die Implementierung
- Projektdokumentation
- Festlegung von Tools und Standards
- Management der offenen Punkte
- Risikomanagement
- usw.

Die Aufgaben sind auf den ersten Blick ähnlich wie bei den konventionellen Vorgehensmodellen. Allerdings sollte der Project Manager in der Lage sein, das agile Vorgehen zu adaptieren.

12.1.4 Project Team Member

Ich kenne keinen Indianerhäuptling, der auch nur eine Schlacht oder Jagd ohne seine Krieger zum Erfolg geführt hätte. Schon früh setzten strategisch ausgerichtete Häuptlinge darauf, Ihre Pläne interdisziplinär umzusetzen. Es gab Fährtenleser und Reiter, Späher, Speerwerfer und Bogenschützen. Erfolgreich konnten die Vorhaben immer dann beendet werden, wenn die Fähigkeiten aller gezielt und nutzenstiftend für die Gemeinschaft eingesetzt wurden. Dabei konnten sich die Häuptlinge auf jeden Einzelnen im Team verlassen. Jeder hat seinen Part eigenverantwortlich, nach bestem Vermögen und mit einem hohen Grad an Selbstständigkeit durchgeführt. Nach jeder Jagd oder Schlacht wurde besprochen, was gut und was weniger gut funktioniert hat, um die Erfolgsaussichten für das nächste Mal zu erhöhen.

Ebenso funktionieren agile Teams: Es gibt Verantwortliche für jedes Kernthema wie Customizing, Berechtigung, Architektur, Training, Dokumentation, Entwicklung usw., die ihr Wissen und Können beitragen, sodass das gesamte Team erfolgreich agieren kann. Damit das gelingt, trifft man sich täglich im Daily Meeting. So weiß jeder vom anderen, woran er arbeitet, und man läuft nicht Gefahr, sich gegenseitig zu behindern.

Die vorgenannten Schilderungen sollen dazu beitragen, folgende Anforderungen an agile Teammitarbeiter zu beherzigen:

- **Selbstständig und eigenorganisiert:** Keiner musste einem Fährtenleser erklären, wie er seine Arbeit zu erledigen hat. Er konnte das am besten von allen. Also hatte er für seine Tätigkeit auch keinen Vorgesetzten, der ihn gängelte. Er durfte einfach das machen, was er konnte: Fährten lesen. Anleitungen oder Anweisungen hätten ihn nur gestört. Alle anderen konnten sich auf ihn und die Qualität seiner Arbeit verlassen.
- **Hoch motiviert:** Weil er ungestört das tun darf, was er kann, ist der Teammitarbeiter erfolgreich. Erfolg ist der beste Motivator.
- **Interdisziplinär:** Jeder trägt sein Können bei. Das Ergebnis ist dann tatsächlich mehr als die Summe der Einzelteile.

Damit wird schnell deutlich, dass wir in Teamprojekten ein neues Mindset und weniger eine starke Führung benötigen.

12.2 Ein neues Mindset

Bitte stellen Sie sich folgende Ausgangssituation vor: Geplant wird die S/4HANA-Implementierung bei einem Unternehmen des produzierenden Mittelstands, das in einer Nische weltweit erfolgreich ist. Der Betrieb wird vom Inhaber in der dritten Generation geführt. Alle wichtigen Entscheidungen gehen über seinen Tisch. Er führt den Betrieb nach dem Vorbild seines Vaters patriarchal: streng in der Sache, aber mild zum Menschen. Der Ort des Stammsitzes schätzt ihn als Mäzen, manche Mitarbeiter fürchten ihn. Er bereist regelmäßig die Niederlassungen in 38 Ländern. Der Inhaber ist von einem befreundeten Unternehmer auf das agile Projektvorgehen aufmerksam gemacht worden. Er möchte nun die Implementierung ebenfalls agil umsetzen.

Ich möchte keine Missverständnisse aufkommen lassen: Ich schätze solche Betriebe und Unternehmer. Mehr noch, sie sind für bestimmte Regionen und Teile der deutschen Wirtschaft das Rückgrat. Aber um hier ein agiles Projektvorgehen zu etablieren, sind fast immer zusätzliche Hürden zu nehmen. Dies beginnt bereits bei der Entscheidungsfindung. Wenn der Patriarch alle wichtigen Projektentscheidungen selbst treffen will, dann muss er seine Reisetätigkeit einstellen und für das Projekt greifbar sein. Will er das nicht, was mir wahrscheinlich erscheint, dann muss er jemanden in die Position des Product Owners bringen – und meistens erst lernen, dass dieser dann auch Entscheidungen trifft und treffen muss, ohne vorher zu fragen. Diese Entscheidungen sollte er hinnehmen und nur im absoluten Ausnahmefall korrigieren. Das fällt meistens beiden schwer: dem Product Owner, der erst lernen muss, diese Verantwortung zu schultern, und dem Inhaber, der lernen muss, dass manchmal auch Wege zum Ziel führen, die er nicht gewählt hätte.

Da die Teams in agilen Projekten keine Teilprojektleiter mehr haben, gilt hier das Gleiche: Jedes Mitglied des Teams muss lernen, die eigenen Aufgaben ohne Anweisung anzunehmen und eigenverantwortlich fertigzustellen. Und fertig bedeutet eben fertig, und nicht zu 90 Prozent fertig (der Fährtenleser, der kurz vor dem Ziel aufhört, verhindert den Jagderfolg des gesamten Teams).

Falls es im Unternehmen bisher keine Erfahrungen mit agilen Projekten gibt, sollte es vor Projektstart eine Schulung für die Methode geben und während des Projektverlaufs ggf. eine Begleitung durch einen agilen Coach. Anderenfalls besteht das Risiko, dass bei den ersten Misserfolgen die Schuld bei der Methode gesucht wird. Dann ist der Sprung zurück zu einem anderen Vorgehensmodell oft nicht mehr weit.

12.3 Chicken and Pigs

Neben den vorgenannten Projektmitarbeitern gibt es im Umfeld des Projekts eine Reihe von Stakeholder, die nicht unmittelbar an der Projektarbeit beteiligt sind. Diese Gruppe wird umgangssprachlich als »Chickens« (Hühner) bezeichnet, wohingegen die Projektmitarbeiter, also das Kernteam, die »Pigs« (Schweine) sind (siehe Abbildung 12.2). Diese Titel beruhen auf einer Fabel:

Ein Schwein und ein Huhn spazieren gemeinsam die Straße entlang. Das Huhn sagt: »Hey, Schwein, wollen wir ein Restaurant aufmachen?« Das Schwein antwortet: »Vielleicht, wie wollen wir es denn nennen?« Das Huhn erwidert: »Ham-n-eggs!« (Eier und Speck). Das Schwein überlegt einen Moment und antwortet dann: »Nein danke, ich bin dann ja versprochen, Du nur eingebunden!«.

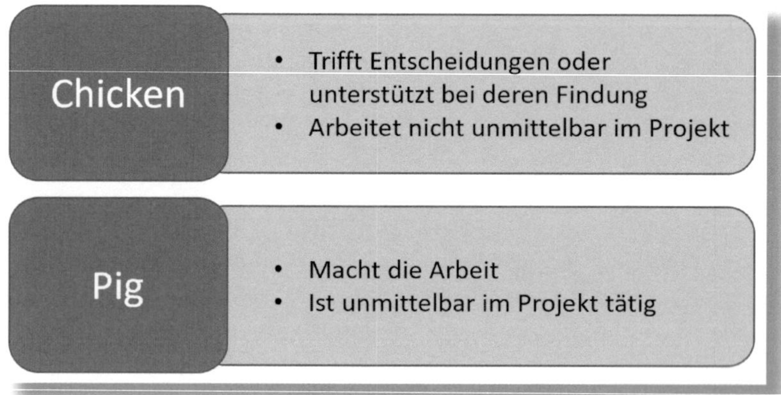

Abbildung 12.2: Chicken und Pigs

Wichtig in Hinblick auf SAP Activate ist, dass die Chickens, die ja gerne mal ein wenig Staub aufwirbeln, verstehen, wie die Methode SAP Activate funktioniert, damit sie das Vorgehen nicht stören. Gegebenenfalls sollte man auch einen agilen Coach dafür einplanen, diese Menschen mitzunehmen.

12.4 Stakeholder Management

Stakeholder Management ist ein wichtiger Erfolgsfaktor für Projekte – ganz unabhängig von der Projektmethodik. Die Kernfrage dabei ist, ob alle am Projekt Beteiligten und davon Betroffenen am selben Strang ziehen? Diese Frage beschränkt sich nicht nur auf das Kernteam, sondern auch auf andere Betroffene innerhalb bzw. bei SAP-Projekten oft sogar außerhalb des Unternehmens.

Ein wichtiger Aspekt dabei ist, dass mancher Betroffene oder Beteiligte noch gar nichts von seiner Rolle weiß, also unbewusst betroffen oder beteiligt ist (siehe Abbildung 12.3).

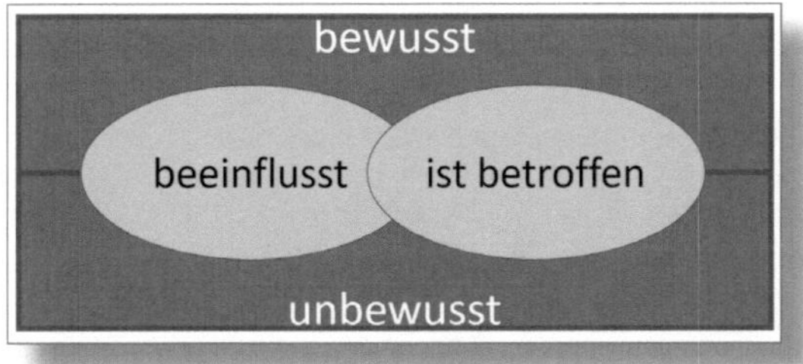

Abbildung 12.3: Stakeholder identifizieren

Deshalb ist es wichtig, dass man sehr früh herausfindet, wer alles von dem Vorhaben berührt ist, um am Ende niemanden mit den Neuerungen zu überrumpeln. In vielen Projekten konnte und kann man immer noch beobachten, dass in diesem Punkt nicht wirklich gründlich gearbeitet wird. Daraus ergeben sich schnell Risiken für das Projekt:

- Menschen hören per Zufall davon und fühlen sich übergangen, schlimmer noch: hintergangen.

- Ein vergessener Stakeholder kann gleichbedeutend sein mit einer vergessenen Funktionalität.
- Übergangene Stakeholder mit großem Einfluss versuchen, den Projekterfolg zu verhindern (Trotzreaktionen).
- Übergangene Stakeholder mit weniger Einfluss machen »Dienst nach Vorschrift«, wenn Projektanliegen an sie herangetragen werden.

Der Umgang mit Stakeholdern kann in vier Schritten erfolgen, die Ihnen Abbildung 12.4 zeigt.

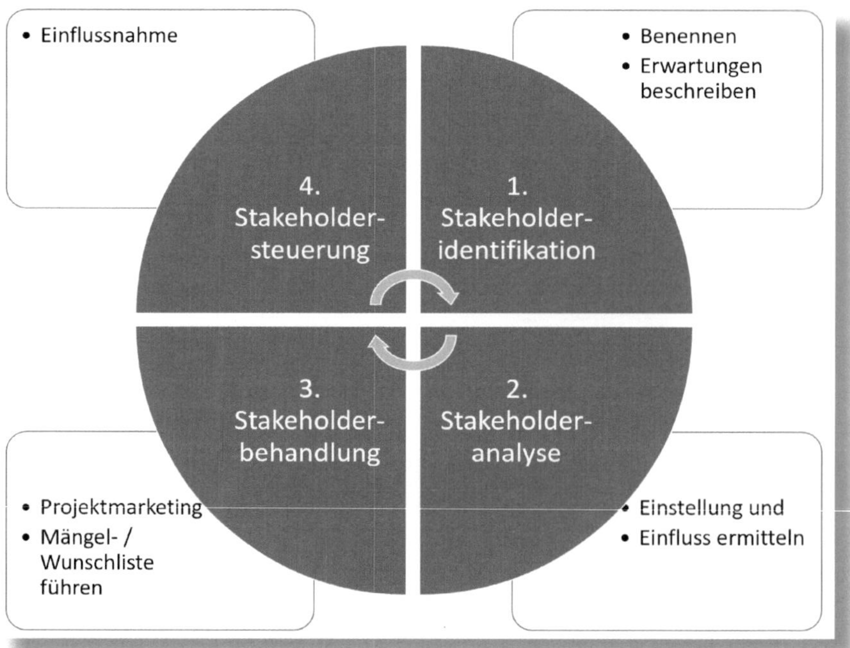

Abbildung 12.4: Umgang mit Stakeholdern

Schritt 1: Stakeholder-Identifikation

Zunächst muss herausgefunden werden, wer die Stakeholder innerhalb und außerhalb des Projekts sind. Außerdem geht es darum, sie zu verstehen: Was treibt diese Person an? Welchen Zwängen ist sie unterworfen? Welche Emotionen hat sie, wenn es um das Projekt (oder dessen Auswirkungen) geht? Wie sieht für diesen Stakeholder Erfolg aus?

Schritt 2: Stakeholder-Analyse

Nun gilt es zu ermitteln, welche Interessen die Stakeholder verfolgen und welchen Einfluss sie jeweils haben. Dazu gehört außerdem, ihre Anliegen und Wünsche zu notieren, aber auch ihre Befürchtungen kennenzulernen. In dieser Phase ist es wichtig, eine Beziehung zu den unterschiedlichen Stakeholdern aufzubauen. Vertrauen schaffen ist jetzt das A und O.

Schritt 3: Stakeholder-Behandlung

Anschließend ist ein Kommunikationsplan für den Umgang mit dem jeweiligen Stakeholder zu erstellen. Dabei kann Abbildung 12.5 als Richtschnur dienen.

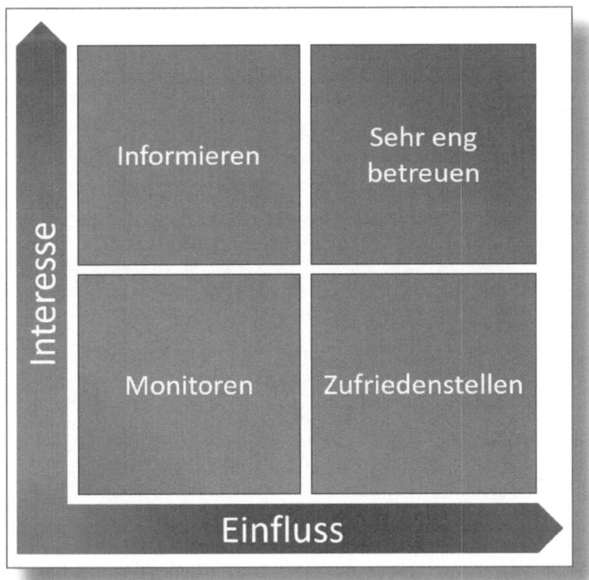

Abbildung 12.5: Kommunikationsplan für den Umgang mit Stakeholdern

Schritt 4: Stakeholder-Management

Am Ende ist es natürlich entscheidend, dass die geschaffene Beziehung zu den Stakeholdern genutzt und der Kommunikationsplan auch umgesetzt wird. Das unterbleibt leider in vielen Projekten. Nachdem der Plan erstellt wurde, verschwindet er in der Projektablage, und die Stakeholder werden nicht oder nur unzureichend informiert.

12.5 »Aber unsere Mitarbeiter benötigen Führung«

An verschiedenen Stellen des Buches habe ich bereits darauf hingewiesen, dass die Scrum-Teams eigenverantwortlich arbeiten. Wie bei dem Beispielunternehmen in Abschnitt 12.2 dominieren in vielen Firmen immer noch hierarchische oder patriarchale Führungsstile, und zwar sowohl bei den Kunden als auch in den Unternehmensberatungen. Diese Art der Führung untergräbt häufig das eigenverantwortliche Handeln. Stattdessen warten die Mitarbeiter auf Anweisung und Anleitung. Wenn in einem solchen Unternehmen dennoch der Wunsch besteht, Projekte zunehmend nach agilen Methoden zu gestalten, sollte dort zunächst eine Übergangszeit geschaffen werden, um den Projekterfolg nicht zu gefährden. Den Mitarbeitern von heute auf morgen zu erklären, dass sie ab sofort eigenverantwortlich handeln, ist meistens zum Scheitern verurteilt und führt zu Frustration auf beiden Seiten: auf Führungsebene (»Die können das ohne mich eben nicht!«) und bei den schlagartig Alleingelassenen (»Was soll ich denn nun machen, und wen kann ich fragen?«). Um in solchen Organisationen agil arbeiten zu können, bedarf es eines neuen Führungsverständnisses, und zwar über alle Ebenen. Der Führungsstil muss durch gemeinsame Werte geprägt sein. Solche gemeinsamen Werte könnten sein:

- Transparenz
- Konzentration, Fokussierung
- Simplizität
- Respekt
- Commitment
- Offenheit
- Kommunikation

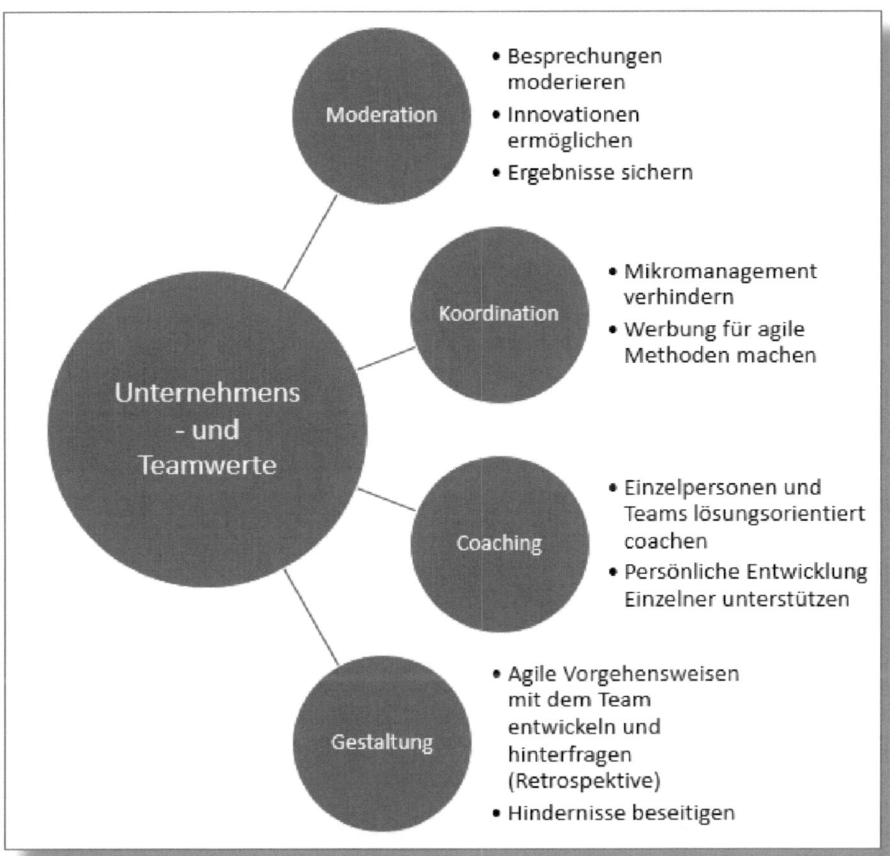

Abbildung 12.6: Agile Führung

Abbildung 12.6 macht deutlich, dass der Führungsstil auf Werten basiert, die sich das Unternehmen selbst gegeben hat. Insofern sind die oben aufgelisteten Werte nur als Beispiele zu verstehen. Auch das Team sollte für sich einen Wertekanon entwickeln.

Die Führungskräfte haben nun die Aufgabe, die Teams zunehmend zur Eigenverantwortlichkeit anzuleiten. Dazu ist es erforderlich, dass sie sich selbst zurücknehmen, also beispielsweise aus der Rolle des Besprechungsleiters in die Rolle eines Moderators wechseln. Die Führungskraft weist also nicht kontinuierlich an, sondern hilft dem Team, einen eigenen Weg zu finden. Dazu ist es unbedingt erforderlich, Besprechungen kompetent zu moderieren und ihnen eine sinnvolle Struktur zu geben, sodass stundenlange ineffiziente Meetings vermieden werden. Durch geschickte Koordination verhindert die Führungskraft ein Abrutschen ins Mikromanagement und ermutigt stattdessen immer wieder zur Anwendung agiler Methoden.

Insofern muss die Führungskraft zunächst die Qualität von agilen Methoden und Vorgehensweisen einschätzen lernen, um dem Team bei seiner Weiterentwicklung konstruktives Feedback und andere Hilfestellung geben zu können.

Auf diese Weise wird das gesamte Team gecoacht und jedes einzelne Teammitglied in seiner Entwicklung unterstützt. Wenn man erkennen kann, dass die Führungskraft für das Team arbeitet, indem sie beispielsweise Hindernisse beseitigt, und nicht das Team für die Führungskraft, sind die Voraussetzungen für ein SAP-Activate-Projekt erfüllt. Gemeinsam mit dem Team werden die agilen Vorgehensweisen regelmäßig einer Überprüfung unterzogen und kontinuierlich weiterentwickelt.

Bedauerlicherweise kann man häufig beobachten, dass die Führungskräfte selbst noch sehr hierarchisch geführt werden, von ihnen aber andererseits erwartet wird, agil zu steuern. Man spricht hier oft von dem sogenannten *T-Shaped Manager*, dessen Zerrissenheit Abbildung 12.7 illustriert.

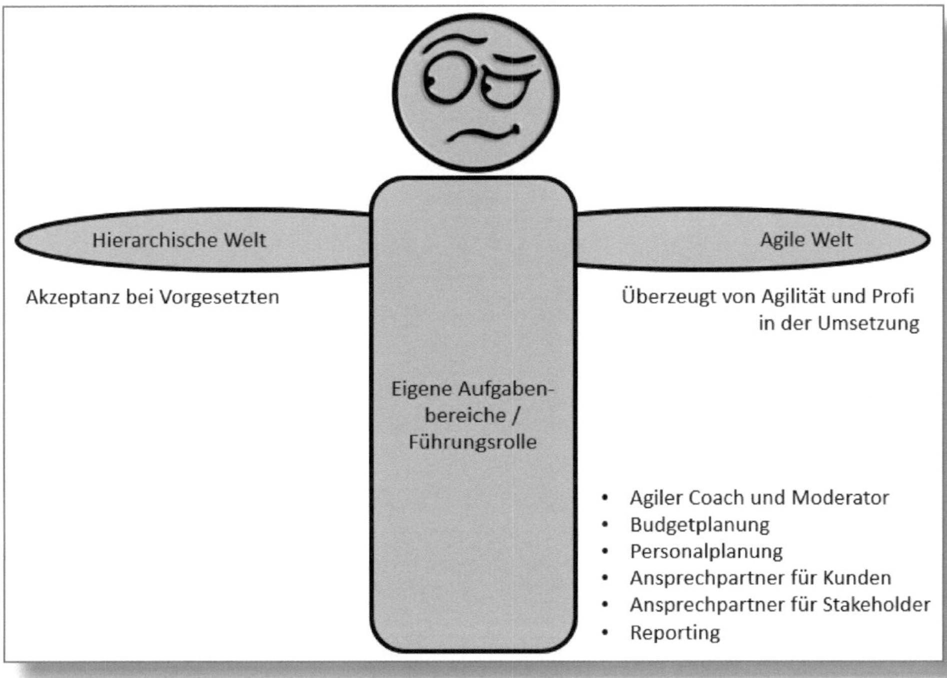

Abbildung 12.7: T-Shaped Manager zwischen den Welten

13 Aber ein Wasserfall ist auch toll (kritische Würdigung)

So, nun haben Sie einen ersten Einblick in die Methode hinter SAP Activate erhalten und stellen gerade fest: Mit unserem Patriarchen an der Unternehmensspitze wird das schwierig. Unsere Mitarbeiter sind über Jahrzehnte hierarchisch geführt. Die Motivation erfolgt in erster Linie über Anerkennung durch Vorgesetzte, eigenständiges Handeln ist bei uns auch nicht so gefragt. Zudem ist Co-Location bei unserem weltweit agierenden Unternehmen nahezu undenkbar. Und nun?

Sie setzen bereits seit Jahrzehnten eine Projektmethode in Ihrem Unternehmen ein und blicken auf eine ganze Reihe erfolgreicher Projekte zurück? Dann machen Sie es doch wieder so! Wer oder was hindert Sie daran, den Erfolg einer Methode fortzusetzen? Für On-Premise-Installationen kennt auch die SAP nach wie vor das Wasserfall-Modell.

Allerdings möchte ich Sie dazu ermutigen, ggf. in kleinen Nischen mit agilen Projekten zu starten. Gibt es beispielsweise eine umfangreiche Schnittstelle zu entwickeln? Dann werden Sie hier doch mal agil! Es lohnt sich allemal, die Methode kennenzulernen, denn über kurz oder lang wird sie sich etablieren, wenigstens parallel zu den bisher genutzten Vorgehensmodellen.

Und – das ist für mich das wichtigste Argument: Es kann ungeheuren Spaß machen, in einem agilen Projekt zu arbeiten. Nichts ist annähernd so befriedigend wie der Erfolg, den man als Team gemeinsam erarbeitet. Fragen sie erfolgreiche Sportmannschaften! Sie werden das bestätigen. Zudem bin ich überzeugt, dass das eigenmotivierte Arbeiten mittel- bis langfristig mehr Freude für die Projektteammitglieder mit sich bringt. Zufriedene Mitarbeiter sind nicht so schnell bereit, sich von anderen Unternehmen abwerben zu lassen. Auch das ist für mich ein wichtiger Vorteil der flachen Projekthierarchie.

13.1 ASAP und andere Wasserfall-Modelle im Vergleich zu SAP Activate

Für diejenigen Leser, die bereits eines der beiden bisherigen SAP-Projektvorgehensmodelle kennen, möchte ich noch eine Gegenüberstellung vornehmen. Es sei an dieser Stelle erneut darauf hingewiesen, dass weder ASAP noch SAP Launch von der SAP weiterentwickelt werden. In Zukunft wird es ausschließlich ein Vorgehensmodell für alle Projekte der SAP geben: SAP Activate.

In der Vergangenheit wurde für On-Premise-Installationen das ASAP-Vorgehen empfohlen, während es für Cloud-Editions SAP Launch gab. Beides ist durch SAP Activate abgelöst. Auch hybride Landschaften (z.B. SAP S/4HANA On-Premise und Success Factors in der Cloud) werden unterstützt. Weder ASAP noch SAP Launch hatten Vorgehensvorschläge und Beschleuniger für die System-Konversion oder die Landscape-Transformation im Bauch. SAP Activate unterstützt nun beide Projektansätze.

Eine der wesentlichen Veränderungen ist der seitens der SAP dringend empfohlene Einsatz der SAP Best Practices, insbesondere im Zusammenhang mit einem Greenfield Approach. Hier ergibt es auch Sinn. Im Zusammenhang mit einem Brownfield Approach sollten Sie den Einsatz gründlich prüfen, um nicht widersprüchliche Customizing-Einstellungen zu bekommen.

Anders als bisher basiert SAP Activate auf agilen Projektmethoden nach Scrum.

Das Projektvorgehen beinhaltet nur vier Phasen. Für Cloud-Editions gibt es eine Guided Configuration, ergänzt um eine kostenpflichtige Expert Configuration für die Einstellungen, die der Kunde nicht selbst vornehmen kann (es gibt für den Kunden keinen Customizing Leitfaden (IMG) mehr).

Solution-Fit-Gap-Workshops ersetzen den Business Blueprint. Durch die Beschränkung auf maximal zehn Key-Deliverables pro Phase ist das Auffinden der zugehörigen Anleitungen und Beschleuniger einfacher geworden.

Tabelle 13.1 mag all denjenigen Lesern, die eine der beiden älteren Methoden kennengelernt haben, aufzeigen, in welchem Workstream sich die in diesen Methoden gewählten Pakete wiederfinden und wie sie heute genannt werden.

SAP Activate Workstream	ASAP	SAP Launch
Projektmanagement	Projektmanagement (PM) Application Lifecycle Management (ALM) – Project Standards	Projektmanagement
Application: Design and Configuration	Business Process Management (BPM) – incl. RCEFW	Solution Design Solution Configuration Solution Walkthrough
Application: Testing	Test Management (ISM)	Solution Testing
Application: Integration	Technical Solution Management (TSM) – Integration Design Technical Solution Management – Environment Setup	Integration Preparation Integration Setup
Application: Solution Adoption	Value Management (VM) Organizational Change Management (OCM) Training (TRN) – End User	Solution Adoption (part)
Application: Customer Team Enablement	Training – Project Team	Project Team Enablement
Custom Code Extensions	Business Process Management – Custom extensions beyond RICEFW	N/A
System & Data Migration	Data Migration (DM) Data Archiving (DA) Cutover Management (COM)	Data Migration Cutover Planning Cutover Execution

SAP Activate Workstream	ASAP	SAP Launch
Technical Infrastructure & Architecture (N/A to Public Cloud)	Technical Solution Management – Solution Landscape/Deployment Concept, Dev/Qas Failover Environment Setup Application Lifecycle Management – Operational Standards for Technology	N/A
Transition to Operations	Technical Solution Management –Helpdesk Process, Incident Management, Change Control Management Application Lifecycle Management – Operational Standards for Process and people	Solution Adoption (part)

Tabelle 13.1: Vergleich von SAP Activate mit SAP Launch und ASAP

13.2 SAP Activate im Vergleich zu einem reinen Scrum-Projekt

So bleibt noch die Frage offen, warum die SAP überhaupt ein eigenes Vorgehensmodell entwickelt hat, wenn dieses doch an Scrum angelehnt ist? Scrum wird zwar schon lange in Projekten zur Softwareentwicklung eingesetzt, für Softwareimplementierungen dieses Umfangs ist diese Methode jedoch eher ungewöhnlich und stößt an ihre Grenzen. Eigentlich entstand der agile Ansatz für kleine, überschaubare Entwicklungsprojekte, in denen es darum ging, möglichst schnell bestimmte Funktionalität bereitzustellen, nicht aber eine komplette Projektmanagementstruktur ins Leben zu rufen. SAP-Projekte haben jedoch in aller Regel durchaus eine anspruchsvolle Komplexität, einhergehend mit einer weitreichenden Integration von Modulen untereinander, in bestimmten Industrien sogar über Unternehmensgrenzen hinweg. Diese Integration darf man nicht aus den Augen verlieren. Es bedarf eines guten Architekten, um von Beginn Einstellungen zu vermeiden, die einem bei späteren Releases im Wege stehen.

In seiner ursprünglichen Form sieht Scrum auch ein Scheitern vor. Dies dürfte allerdings im Zusammenhang mit SAP-Implementierungsprojekten keine Option sein. Zudem wird es wohl nur wenige Kunden geben, die den Projektumfang erst am Ende der Explore-Phase festlegen möchten.

Daher war es erforderlich, die verwertbaren Bestandteile von Scrum in das SAP-Activate-Framework zu übernehmen, gleichzeitig aber der bisher üblichen Vertragsgestaltung zwischen Beratungspartner und implementierendem Unternehmen Rechnung zu tragen. Folgende Grundsätze aus Scrum gelten auch für die SAP-Activate-Methode:

- Individuen und Zusammenarbeit sind wichtiger als Prozesse und Tools
- Funktionierende Software ist wichtiger als ausführliche Dokumentation (was nicht bedeutet, nicht zu dokumentieren!)
- Zusammenarbeit der Beteiligten ist wichtiger als Vertragsverhandlung
- Veränderungen erwarten, statt strikt einem Plan folgen

13.3 Agile Mythen

»Agile Projekte benötigen weniger Zeit als wasserfallbasierte Projekte, das sagt ja schon der Begriff Sprint.«

Das ist falsch. Richtig ist, dass man agile Projekte stets so zuschneidet, dass möglichst schnell ein nutzbares Produkt live geht. Man spricht hier auch vom »Walking Skeleton«, also einem lauffähigen Gerippe. Die volle Funktionalität wird dann in mehreren Releases erarbeitet. Die Idee, mehr zu tun mit weniger Aufwand, ist nur selten realistisch. Allerdings kann es für Teams sehr hilfreich sein, sich in einem Sprint auf einige wenige User Stories zu konzentrieren, statt an allen Fronten gleichzeitig zu ringen. Fokussierung führt häufig zu Effizienz.

»Agile Projekte kosten weniger als wasserfallbasierte Projekte.«

Auch das ist falsch. Allerdings ist die Lernkurve für die Projektteammitglieder meistens steiler, da eine andere Form der Zusammenarbeit entsteht, die einen Wissensaustausch fest vorsieht.

»In agilen Projekten kann der Kunde jederzeit zusätzliche Anforderungen nachreichen. Der Implementierungspartner muss diese (kostenfrei) umsetzen.«

Das ist nur bedingt richtig. Zwar darf der Kunde jederzeit Änderungen in das Projekt eintragen, muss dafür aber im gleichen Umfang andere Funktionalität aus dem Release entfernen. Auf die Einhaltung dessen zu achten, ist die wohl verantwortungsvollste Aufgabe der Product Owner. Für die Beratungspartner können solche Änderungen immer noch Herausforderung genug bleiben, denn wenn im FI etwas entfällt, dafür aber in der Fertigung neue Features hinzukommen, wird das wohl andere Experten erfordern.

»Agil heißt, dass wir nicht dokumentieren.«

Bei dieser Behauptung sträuben sich einem wirklich die Nackenhaare. Schon aus der DSGVO und vielen anderen Rechtsrahmen ergibt sich ein Zwang zur Dokumentation. Allerdings wird man nichts Überflüssiges dokumentieren, sondern die Aspekte, die es wert sind, dokumentiert zu werden.

»Agil ist eine Wunderwaffe, man muss nur einen Schalter umlegen und schon wird alles gut. Ist ein Projekt mal gescheitert, macht man es eben agil und – voilà – schon geht es.«

Nein, agile Projekte können genau wie wasserfallbasierte Projekte scheitern. Und der Weg einer Organisation zu Agilität ist oft beschwerlich.

»Agil heißt einfach.«

Diese Aussage grenzt schon an Blauäugigkeit. Nur weil etwas Komplexes anders angegangen wird, wird es nicht automatisch einfach. Allerdings versucht man, die Komplexität aufzubrechen, indem man überschaubare Arbeitsaufgaben in Sprints zusammenschnürt. Das erfordert sehr viel Disziplin. Agilität sollte daher auch nicht mit Anarchie verwechselt werden.

»Man benötigt für ein agiles Vorgehen ein agiles Tool.«

Nun, wenn Sie eine Tafel oder ein Whiteboard und ein paar farbige Haftnotizzettel als Tool bezeichnen, dann stimmt diese These.

»Agile Projekte kann man nur in der Softwareentwicklung erfolgreich umsetzen.«

Das war zwar in der IT das erste Einsatzgebiet, inzwischen gibt es aber sogar agile Organisationen.

»Agil bedeutet auf Design zu verzichten, die Funktionalität steht im Vordergrund.«

Wer bis heute nicht erkannt hat, dass gutes Design manchmal sogar wichtiger ist als Funktionalität, der sollte sich die Erfolgsstory eines Unternehmens wie Apple mal genauer ansehen.

»Agil bedeutet, nicht planen zu müssen.«

Das Gegenteil ist der Fall! Allerdings werden diese Tätigkeiten von den Scrum-Teams ferngehalten. Außerdem werden die Pläne ständig einem Review unterzogen, und es wird hinterfragt, ob alle Annahmen noch stimmen. Das bedeutet: Die Planung wird kontinuierlich angepasst.

»Agil zu sein heißt einfach, dem agilen Manifest zu folgen.«

Und wenn einer zu Ihnen sagt: »Spring!«, dann springen Sie? Nein! Es gilt ein eigenes Regelwerk zu implementieren und ständig in Retrospektiven zu optimieren.

»Management ist überflüssig.«

Nein, aber wenn das Management dem Projektteam mehr Eigenverantwortung überträgt, hat es wieder mehr Zeit für die wichtigen Aufgaben.

»Agil passt immer.«

Schon klar: One Size fits all. Das mag für bestimmte Kleidungsstücke/Projekte gelten, aber manchmal soll es eben doch etwas Maßgeschneidertes sein. Schauen Sie sich den Gesamtkontext an. Ich verweise auf die Checkliste zur agilen Fitness im Anhang.

13.4 Projektmythen

In der Vergangenheit lagen vielen Wasserfall-Modellen ausdrücklich oder implizit folgende Annahmen zugrunde:

- Das implementierende Unternehmen weiß genau, wie die fertige Lösung aussehen soll.
- Die Implementierungspartner wissen dann sofort, wie sie diese Wünsche im System umsetzen können.
- Das Projekt bleibt während des Projektzeitraums frei von äußeren Störeinflüssen und Veränderungswünschen.

Wer selbst schon in Projekten mitgewirkt hat, weiß, dass dies natürlich blanker Unsinn ist – und zwar jeder einzelne Punkt.

Sie sollten diese Mythen also besser verwerfen und folgende Prämissen, die wiederum für nahezu alle Projekte zutreffend sind, berücksichtigen:

- Das implementierende Unternehmen entdeckt im Projektverlauf die Möglichkeiten und möchte diese dann auch umsetzen.
- Die Implementierungspartner erarbeiten im Projektverlauf die anzustrebende Lösung.
- Es gibt im Projektverlauf immer wieder neue Einflussgrößen und Veränderungen im Unternehmen mit Auswirkungen auf das Projekt.

14 Risikomanagement

Unabhängig von dem gewählten Implementierungsvorgehen kommt in allen größeren Projekten dem Risikomanagement eine elementare Bedeutung zu. Diese Aussage war schon in der Vergangenheit zutreffend und lässt sich auch durch den Einsatz von SAP Activate in keiner Weise relativieren.

Jedes Change-Projekt birgt Risiken. Dieser Tatsache sollten Sie sich möglichst früh bewusst werden. Und S/4HANA-Projekte sind fast immer Change-Projekte. Dabei zeigen Untersuchungen von verschiedenen Marktforschungsinstituten, dass beispielsweise die Wahrscheinlichkeit eines Projektmisserfolgs mit der Größe des Projekts wächst (vgl. z.B.: *https://www.cio.de/a/projekte-scheitern-am-change-management,3593218*, aufgerufen am 01.11.2020).

Je höher das eingeplante Budget für ein Projekt ist, je mehr Mitarbeiter ein Projekt bindet und je mehr Zeit dafür vorgesehen wird, desto wahrscheinlicher wird dessen Scheitern. Zumindest muss davon ausgegangen werden, dass die Wahrscheinlichkeit zunimmt, dass Zeit, Kosten oder Qualität (vgl. die Zielkonflikte im magischen Projektdreieck in Abbildung 2.3) nicht wie geplant eingehalten werden.

Betrachtet man die Auswirkungen einer S/4HANA-Implementierung im Unternehmen zunächst einmal losgelöst vom Projekt, so wird schnell klar, dass dies nicht risikolos sein kann. Dazu kann Abbildung 14.1 hilfreich sein, die zeigt, in welchen Bereichen sich eine S/4HANA-Implementierung bemerkbar machen wird.

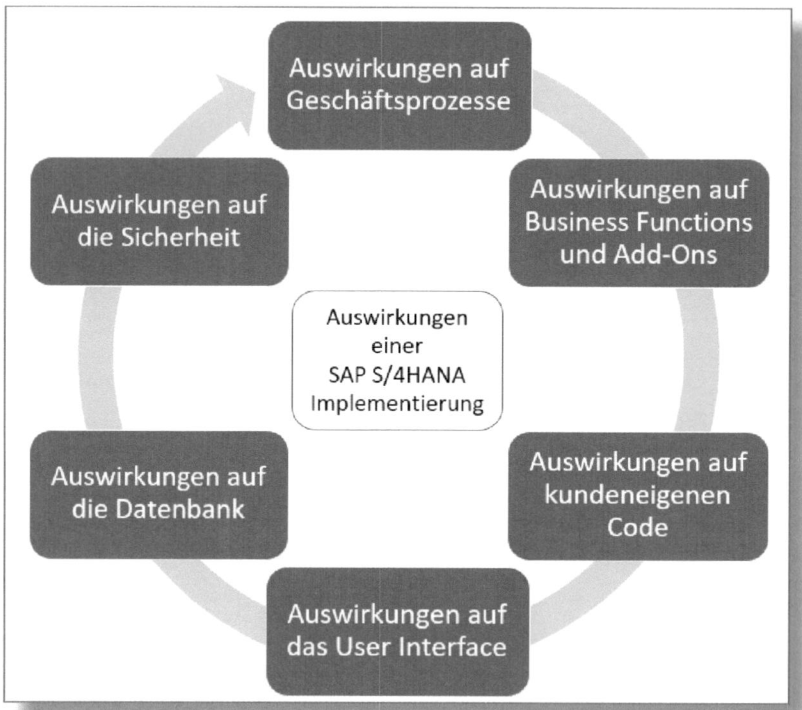

Abbildung 14.1: Impacts einer S/4HANA-Implementierung

Es ist wichtig, die Risiken möglichst schnell zu identifizieren und zu beschreiben. Ferner sollten Sie herausarbeiten, wie man Risiken vermeiden, ihre Eintrittswahrscheinlichkeit herabsetzen oder ihre Auswirkungen im Fall des Eintretens abmildern kann. Das Workstream Project Management wird diesbezüglich eine Risikomatrix erarbeiten (siehe Abbildung 14.2).

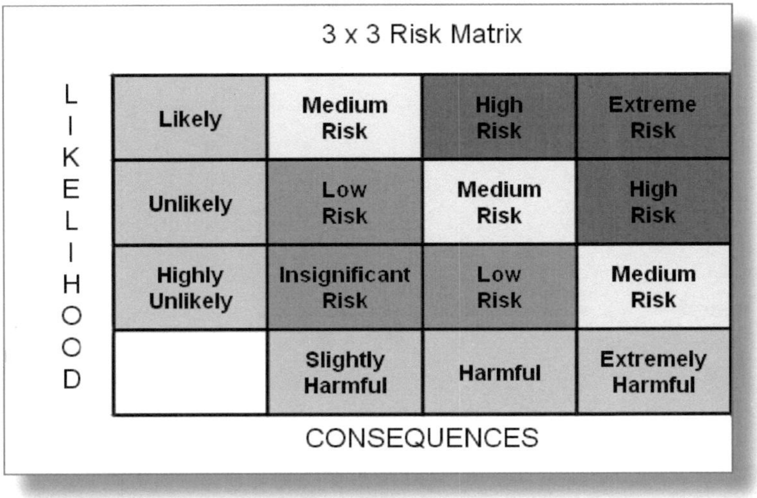

3 x 3 Risk Matrix

LIKELIHOOD

Likely	Medium Risk	High Risk	Extreme Risk
Unlikely	Low Risk	Medium Risk	High Risk
Highly Unlikely	Insignificant Risk	Low Risk	Medium Risk
	Slightly Harmful	Harmful	Extremely Harmful

CONSEQUENCES

Abbildung 14.2: 3×3-Risikomatrix

In einigen Fällen kann es sinnvoll sein, die Risiken des Projekts feiner zu gliedern als in der hier gezeigten Matrix. Dazu können Sie die Anzahl der Spalten zur Beschreibung der Gefährdung durch das Risiko oder, mit Blick auf die Eintrittswahrscheinlichkeit, die Zahl der Zeilen erhöhen. Wichtig ist, dass das Projektmanagement die roten (High/Extreme) und gelben (Medium) Risiken gut im Auge behält und in regelmäßigen Abständen hinterfragt. Außerdem sollte immer wieder überprüft werden, ob neue Risiken entstanden oder aber bisherige Risiken fortgefallen sind.

Ein gut etabliertes Risikomanagement nimmt manch unvorhergesehener Situation die Schärfe. Ich kann daher nur dafür werben, sich damit intensiver auseinanderzusetzen, als es häufig getan wird.

15 Ihr Weg in ein S/4HANA-Projekt mit SAP Activate

Ich habe in diesem Buch viel über Methoden und Stolpersteine geschrieben. Im letzten Kapitel möchte ich Ihnen Tipps geben, die Ihnen helfen sollen, einige Fehler zu vermeiden, die von anderen in der Vergangenheit gemacht wurden. Möglicherweise ist Ihnen vieles davon klar. Ich hoffe dennoch, dass Sie die eine oder andere Anregung hilfreich finden.

Wer will das Projekt durchführen und ist Sponsor? Wie fit ist diese Person oder Gruppe von Personen, wenn es darum geht, agil zu werden? Wenn der Projektsponsor erwartet, dass Sie das Projekt mithilfe des Frameworks SAP Activate durchführen, fragen Sie nach, warum. Bezüglich der agilen Fitness des Projektsponsors können Sie auch die Checkliste aus dem Anhang dieses Tutorials verwenden (Fitness der Stakeholder). Sie sind der Stakeholder? Prima, auch in diesem Fall sollten Sie sich diesen Fragen in hohem Maße selbstkritisch stellen. Der Teil des Anhangs, der sich mit der agilen Fitness auseinandersetzt, gehört aus meiner Sicht zu den wichtigsten Aufgaben und Fragestellungen, bevor Sie überhaupt mit dem Vorprojekt (Discover-Phase) oder Projekt beginnen.

Wenn Sie sich entschließen, einen agilen Ansatz zu wählen, dann tragen Sie bitte dafür Sorge, dass Sie alle Beteiligten des Projekts, aber eben auch der Unternehmensorganisation, mit auf diese Reise nehmen. Wenden Sie Zeit für das geänderte Mindset auf. Scheuen Sie sich nicht, auch einen agilen Coach zurate zu ziehen. Oft ist es insbesondere die Führungsebene eines Unternehmens, die gut daran täte, sich diesbezüglich unterstützen zu lassen. Erst wenn klar ist, nach welcher Methode Sie einführen werden, sollten Sie sich tatsächlich mit den Inhalten auseinandersetzen. Ich empfehle diese ungewöhnliche Reihenfolge, weil Sie dadurch möglicherweise zu abweichenden Schlüssen gelangen werden, was die Auswahl des Approaches (Greenfield/Brownfield), der Bereitstellung (Cloud/On-

Premise) und die Auswahl der Projektmitarbeiter (hohe Eigenverantwortlichkeit, selbstmotiviert) betrifft. Außerdem gehe ich davon aus, dass Sie dem Organisational Change Management von Anbeginn an eine viel höhere Aufmerksamkeit schenken, als dies bei Projekten in der Vergangenheit möglicherweise der Fall war.

Abweichend von der reinen Lehre empfehle ich Ihnen für den Fall, dass es sich um Ihre erste Implementierung mit agilen Methoden handelt, von vornherein Zeiträume einzuplanen, in denen die Aktivität im Projekt stark zurückgefahren wird; im Grunde genommen gibt jeder Kalender einige Anhaltspunkte für solche ruhigeren Zeiträume, die häufig durch die Abwesenheit einer größeren Anzahl von Mitarbeitern geprägt sind:

- Weihnachten
- Ostern
- Sommerferien
- Herbstferien

In diesen ruhigeren Zeiten haben Sie die Möglichkeit, Versäumnisse nachzuholen, Nachschulungen durchzuführen, unvollständige Dokumentationen aufzufüllen und Verbesserungen jedweder Art am Projekt und dessen Ergebnissen selbst vorzunehmen. Insbesondere wenn Sie sich im Bild des T-Shaped Managers wiedergefunden haben, werden Sie in diesen Zeiträumen Ihre Transferleistungen aus der agilen Projektwelt in die hierarchisch geprägte Unternehmenswelt vornehmen.

In einem internationalen Umfeld verfängt das obige Beispiel nicht immer. Zu unterschiedlich sind Ferienzeiten und Feiertage für die Projektbeteiligten, sodass hier eine andere Methode gefragt ist. Ein Ansatz könnte sein, dass die meisten Projektmitarbeiter nur 60 bis 80 Prozent ihrer Gesamtarbeitszeit an dem Projekt arbeiten, während ein kleiner Anteil 100 Prozent der Arbeitszeit für das Projekt zur Verfügung steht. Nun werden verbindliche Projekttage vereinbart, z.B. Montag bis Donnerstag. An diesen Tagen findet die eigentliche Projektarbeit statt, wohingegen die oben geschilderten Aufräumarbeiten von dem verkleinerten Team am Freitag durchgeführt werden. Dieses

Vorgehen eignet sich auch für kleinere und einige mittelständische Unternehmen, in denen es aus betrieblichen Gründen nicht möglich ist, die erforderliche Anzahl von Mitarbeitern zu 100 Prozent für das Projekt zuzusagen. Dadurch ist gewährleistet, dass die Arbeit in den Linien des Unternehmens nicht gänzlich zum Erliegen kommt, weil wichtige Mitarbeiter ihre Zeit ausschließlich im Projekt verbringen. Somit könnte Ihre Planung im Detail wie in Abbildung 15.1 aussehen:

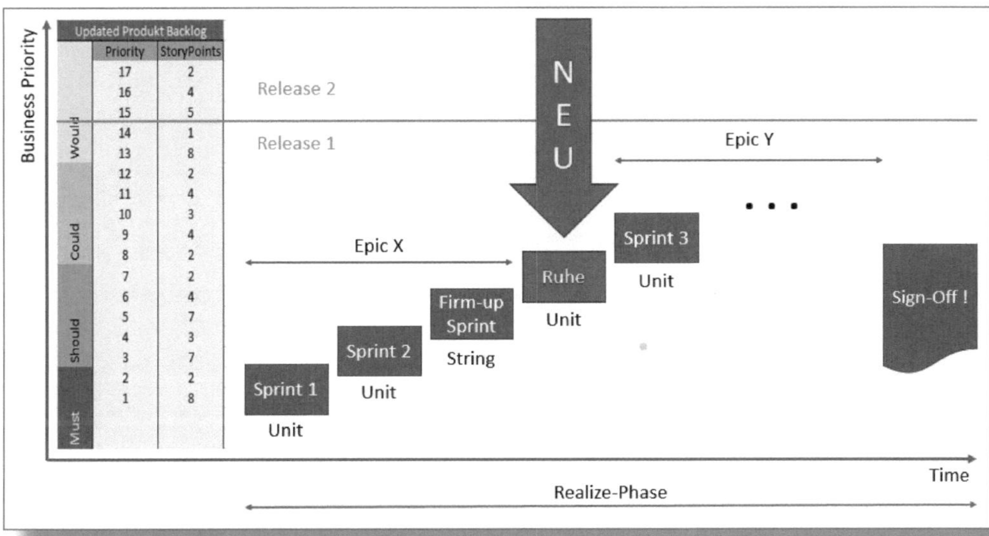

Priority	StoryPoints
17	2
16	4
15	5
14	1
13	8
12	2
11	4
10	3
9	4
8	2
7	2
6	4
5	7
4	3
3	7
2	2
1	8

Abbildung 15.1: Projektphasen mit Ruhezeiten

Die hier gemachten Vorschläge sollen allerdings nicht darüber hinwegtäuschen, dass derartige Projekte nahezu immer eine erhebliche Belastung für Unternehmen darstellen.

Wenn Sie das Projekt aufsetzen, dann empfehle ich:

- Beginnen Sie mit einem kleinen Kernteam, um die Projektstruktur aufzubauen und das initiale Product Backlog zu entwickeln.
- Die weiteren Mitglieder des Teams werden im Laufe der Zeit identifiziert und hinzugezogen. Bestimmen Sie die Scrum Master und Coaches sowie den Aufbau der Scrum-Teams.

- Behalten Sie die agilen Prinzipien stets bei, und replizieren Sie diese in das »Scrum of Scrums Meeting« (vgl. Abschnitt 9.5).
- Bestimmen Sie ein Kernteam, das sich auf die Planungsaktivitäten konzentriert (und ggf. in den Ruhezeiten beim Aufräumen hilft).
- Identifizieren Sie ein dediziertes Integrationsteam, das sich auf Integrationsaspekte wie Architektur, Funktionen, Technologie und organisatorisches Change Management konzentriert.
- Nutzen Sie bei mehreren Product Ownern ein hierarchisches Product Backlog, das in Workstream Backlogs zerlegt wird (vgl. Abschnitt 7.2).
- Beginnen Sie bei Bedarf mit einem Pilotprojekt zur Erprobung bzw. Demonstration des agilen Vorgehens.

Die Checklisten der nun folgenden Abschnitte enthalten eine Reihe von Aspekten, die – bezogen auf das jeweilige Thema – in Ihrem Projekt Beachtung finden könnten. Deshalb sollten Sie sich dazu einige Gedanken machen.

15.1 Fragen zur Planung

- Sind die Projektaussagen (Umfang, Definition und Ziele) seit dem Projektanlaufprozess gleichgeblieben und finden sie sich im Vertragswerk mit den Projektpartnern angemessen wieder?
- Wurde das Projektziel im Rahmen der Ausgestaltung der Baseline nochmal hinterfragt?
- Gibt es einen groben Plan, wie der Projektfortschritt gemessen werden kann?
- Behandelt der Projektplan die nachfolgenden Bereiche?
    - Projektumfang, Leistungen und Meilensteine
    - Projektstrukturplan
    - Aufgabenpläne, Schätzungen, Ressourcenzuweisungen
    - Aufgabenabhängigkeiten

- Projektzeitplan
- Meilensteinplan
- Projektfortschrittskontrolle
- Change Management
- Handhabung von Störungen
- Eskalationsmanagement
- Qualitätsplan
- Risikomanagementplan
- Projektorganisation

- Welche zusätzlichen Pläne benötigt Ihr Projekt?
  - Lagepläne für Gebäude
  - Plan zur Dokumentation
  - Materialplan
  - Trainingsplan
  - Backup- und Wiederherstellungsplan
  - Notfallplan
  - Überarbeitungsplan
  - Garantieplan
  - Übergangsplan
  - Hardwareplan
  - Netzwerkplan
- Weitere Fragen:
  - Berücksichtigt der Projektplan die Verfügbarkeit der Projektressourcen angemessen?
  - Sind der ursprüngliche Projektplan und das dafür vorgesehene Budget (noch) realistisch?
  - Ist der Plan für die Organisation der Projektressourcen angemessen?
  - Gibt es geeignete Projektsteuerungssysteme?
  - Gibt es ein Informationssystem für das Projekt?

- Wurden die wichtigsten Projektbeteiligten in den Projektplan einbezogen?
- Wurden potenzielle Nutzer frühzeitig in den Planungsprozess einbezogen?
- Wurde die Planung vor Beginn des Projekts abgeschlossen?
- Wenn es Lieferanten gibt, kennen diese den Projektplan und haben dessen Kenntnisnahme unterzeichnet?
- Wenn es einen unabhängigen Supervisor gibt, hat dieser den Projektplan ebenfalls unterzeichnet?
- Gibt es Kunden, die – z. B. aufgrund elektronischer Schnittstellen – ebenfalls mit der Planung vertraut gemacht werden müssen?

15.2 Fragen zur Organisation

- Ist die Projektorganisation dokumentiert und abgelegt?
- Ist der Project Manager hinreichend qualifiziert und erfahren im Projektmanagement?
- Wurden die Rollen und Verantwortlichkeiten des Teams dokumentiert und dem Team, dem Kunden sowie den Stakeholdern klar kommuniziert?
- Ist die Organisationsstruktur der Größe und Komplexität des Projekts angemessen?
- Gibt es die Rolle eines technischen Leiters?
- Wer ist für die Qualitätssicherung zuständig?
- Gibt es ein Projektmanagement-Office, das die Projektleitung unterstützt, und ist diese Funktion kompetent besetzt?
- Gibt es ein Change Management (Board) bzw. ist die ggf. vorhandene Change-Management-Organisation hinreichend eingebunden?
- Gibt es Backup-Strategien für wichtige Mitglieder des Projekts?

15.3 Tracking und Monitoring

- Sind die verschiedenen Arten von Berichten, deren Inhalt, Häufigkeit und Zielgruppe klar definiert und an das Projektteam kommuniziert?
- Sind die Anforderungen an die Teammitglieder klar dokumentiert und kommuniziert?
- Wurden die zu erstellenden, zu verteilenden und zu archivierenden Berichte festgelegt?
- Wurde das Format zur Verfolgung und Überwachung von Zeitplänen und Kosten bestimmt?

15.4 Reviewing

- Sind die verschiedenen Meetings, deren Zweck, Kontext und Häufigkeit sowie die Teilnehmer definiert und kommuniziert worden?
- Welches sind die definierten Besprechungsmaterialien?
- Sind die Meetings so eingerichtet, dass Notizen gemacht werden, die ggf. aufkommende Aktionen/Fragen zu den jeweiligen Listen hinzufügen?

15.5 Issue Management

- Wurde ein Issue-Management-Prozess aufgesetzt und dokumentiert?
- Wurde dieser Prozess den Teammitgliedern und allen anderen Beteiligten mitgeteilt?
- Gibt es dafür ein Formblatt?
- Werden alle Projektthemen bedingungslos durch den Problemlösungsprozess verfolgt?

- Werden alle aus Problemen resultierenden Aufgaben in den Projektplan aufgenommen und durch den Plan verfolgt?
- Gibt es Prozesse, bei denen ungelöste Probleme innerhalb eines angemessenen Zeitrahmens eskaliert und gelöst werden müssen?

15.6 Konfigurations- und Transportmanagement (Change Control)

- Wird es einen (neuen) Change-Control-Prozess geben?
- Ist der bisherige Change-Control-Prozess dokumentiert und archiviert?
- Wird dieser Prozess dem Kunden und dem Projektteam mitgeteilt?
- Gibt es dafür ein Formblatt?
- Werden alle Projektergebnisse und das Softwarekonfigurationsmanagement ausschließlich durch diesen Change-Control-Prozess geändert?
- Werden alle Änderungswünsche ausnahmslos durch diesen Prozess verfolgt?
- Werden alle Änderungswünsche und der aktuelle Status protokolliert?
- Werden alle Aufgaben, die sich aus genehmigten Änderungen ergeben, in den Projektplan aufgenommen und weiterverfolgt?
- Werden neue Änderungswünsche rechtzeitig bestätigt?

15.7 Risikomanagement

- Werden die zu verwaltenden Projektrisiken dem Risikomanagementprozess unterworfen?
- Wird die Risikomatrix regelmäßig und hinreichend häufig aktualisiert?
- Wird der Risikostatus dem Management regelmäßig berichtet?
- Wie werden die Risikodokumente abgelegt?
- Gibt es dokumentierte Notfallpläne für die 5–10 Top-Risiken?
- Sind die Präventionspläne für die Top-5-Risiken erstellt und in den Projektplan aufgenommen bzw. umgesetzt?

15.8 Qualitätssicherung (QS)

- Gibt es einen dokumentierten und archivierten Qualitätssicherungsplan?
- Sind die Qualitätssicherungsfunktionen und die damit verbundenen Rollen und Verantwortlichkeiten klar definiert?
- Sind für jede Aufgabe, die eine Ausgabe erzeugt, Abschluss-/ Überprüfungskriterien definiert?
- Gibt es für jede Aufgabe einen Prozess (Testpläne, Inspektionen, Überprüfungen) zur Überprüfung der Ergebnisse?
- Werden Aufgaben erst nach erfolgreichem Abschluss der QS abgeschlossen?
- Wird es einen formalen Prozess für das Einreichen, Protokollieren, Verfolgen und Berichten von Qualitätselementen geben?
- Gibt es dazu einen Wiedervorlageprozess?

- Werden Statistiken im Zusammenhang mit der Qualitätssicherung gesammelt, Trends analysiert und Probleme als solche festgehalten?
- Werden die QS-bezogenen Informationen im Rahmen der Statusberichtsmechanismen regelmäßig gemeldet?
- Wurde ein Verfahren zur Verfolgung von Anforderungen entwickelt?

Nochmals: Nicht in jedem Projekt werden Sie all diese Fragen beantworten müssen. Möglicherweise ergänzen Sie auch noch eigene.

16 Zusammenfassung

Die Implementierung eines ERP-Systems (Enterprise Resource Planning) ist ein komplexer Prozess, der eine Kombination aus technologischen und organisatorischen Interaktionen beinhaltet. Um die Implementierung von SAP-ERP-Systemen pünktlich, spezifikations- und budgetgerecht zu realisieren, bietet die SAP ein neues Framework namens SAP Activate an. Basierend auf jahrelanger Erfahrung in der ERP-Implementierung nutzt SAP Activate ein umfassendes, proprietäres Set von Analysewerkzeugen und Richtlinien, um die Fertigstellung von ERP-Projektmeilensteinen, Deliverables und Ergebnissen voranzutreiben.

Im Folgenden habe ich für Sie noch einmal die wichtigsten Elemente der Methode zusammengetragen:

Beginnen Sie, wann immer es sinnvoll ist, mit SAP Best Practices einer Model Company oder vergleichbaren Systemen von Partnern der SAP. Dies gilt sowohl für On-Premise- als auch für Cloud-Implementierungen. Dadurch kommen Sie als Kunde früh an das System und können dieses Sandbox-System sehr früh im Projekt mit Ihren Geschäftsanforderungen abgleichen.

Als Kunde sind Sie von Anfang an mit am System. Machen Sie sich mit den Best-Practice-Prozessen vertraut und überlegen Sie sehr genau, ob Sie den Standard nutzen können.

Es gibt keinen Business Blueprint und somit in der Folge auch keine Change Requests. Statt des Sollkonzepts erarbeiten Sie in Fit-Gap-(On-Premise) oder Fit-to-Standard-(Cloud)Workshops mit einer SAP-Sandbox alle Lücken und erforderlichen Änderungen zum Standard.

Das Vorgehen ist iterativ. Die nach jedem Sprint kurz aufeinander folgenden Reviews ermöglichen eine regelmäßige Überprüfung der Projektergebnisse sowie die Anpassung der Anforderungen in den nachfolgenden Iterationen.

Es existieren neue Projektrollen. Im Rahmen des Agile Project Delivery Mindset wurden Rollen (z. B.: Product Owner und Scrum Master) sowie Strukturen eingeführt, die den Lösungsaufbau erleichtern. Es ist wichtig, das Mindset über alle Projektebenen und Stakeholder hinweg zu etablieren.

A Anhang mit Checklisten

Definition of Ready

Die Definition of Ready (DoR) gibt an, inwiefern eine neue User Story soweit aufbereitet ist, dass sie in den nächsten Sprint zur Umsetzung gelangen kann. Dafür gilt es, Kriterien zu etablieren. Die Verantwortung dafür trägt der Product Owner, das Team überprüft den Status.

Eine Story kann z. B. per Definition »ready« sein, wenn:

- die Priorität im Backlog festgelegt wurde,
- die Story ausformuliert wurde und das Team sie nachvollziehen kann,
- die Story klein genug ist, um mit anderen Stories in einen Sprint zu passen (4–5 Stories pro Sprint),
- die Abnahmekriterien formuliert wurden,
- die Akzeptanzkriterien von jedem Beteiligten verstanden wurden.

Definition of Done

Beispiele für Punkte einer Definition of Done (DoD) könnten folgende sein:

- Alle Akzeptanzkriterien (DoR) werden erfüllt.
- Die Einstellungen der Story sind fertiggestellt und in die Testumgebung eingespielt/Der Code wurde entwickelt und in die Testumgebung eingespielt.
- Die Dokumentation liegt vollständig vor.
- Die Release-Dokumentation wurde angepasst.

- Es wurden erfolgreich Funktionstest durchgeführt oder der Code wurde im Pair-Programming (zwei Entwickler arbeiten zusammen an einem Code) erarbeitet.
- Die Coding Guidelines und Standards wurden eingehalten.
- Es sind keine kritischen Bugs offen.
- Das Scrum Board ist up to date.

Die genaue Formulierung von Kriterien der DoD ist häufig davon abhängig, ob über eine Story, ein Epic oder ein Release gesprochen wird. Erarbeiten Sie für alle Ebenen jeweils verbindliche Kriterien.

Definition of Shipable

Vor der Auslieferung in den produktiven Unternehmenseinsatz kann es weitere Kriterien geben, die erfüllt werden müssen. Dies könnten sein:

- Die Organisation ist bereit für die Verwendung der Software:
  - Aufbau- und Ablauforganisation sind eingerichtet und geschult.
  - Die Support Organisation ist eingerichtet.
  - Das Monitoring ist eingerichtet.
  - Der Betrieb ist auf den Go-live vorbereitet.
- Alle Kriterien der DoD sind erfüllt.

Agile-Fitness-Check

Der Agile-Fitness-Check dient dazu, einige Anhaltspunkte zu sammeln, um zu bewerten, ob das vor Ihnen liegende Projekt nach dem wasserfallbasierten oder nach einem agilen Vorgehensmodell vorgenommen werden kann. Die Kriterien lassen sich in fünf Gruppen zusammenfassen:

- **Projektfitness**
  - Welche Methode (agil oder Wasserfall) passt besser zu dem Projekt?
  - Wählt der Kunde den agilen Ansatz, weil er modern ist, oder weil man sich davon bestimmte Vorteile verspricht?
  - Wird der agile Ansatz die Risiken für das Projekt erhöhen, oder ist er dazu geeignet, die Erwartungen des Projektsponsors zu erfüllen?
  - Ist das Projekt insgesamt risikoreich? Wird das agile Vorgehen diese Risiken erhöhen oder verringern?
  - Gibt es für das Vorgehen bereits Erfahrungen im Umfeld des Kunden und in der Industrie, in der der Kunde tätig ist?
  - Ist die Lösung relativ stabil, oder handelt es sich um ein neues Produkt mit unbekannten Risiken?
  - Hat der Kunde ein gutes Verständnis im Hinblick auf das agile Projektvorgehen?
  - Kennt der Kunde seine Verantwortlichkeiten in einem agilen Ansatz (zeitnahe Entscheidungsfindungen, Verfügbarkeit der Schlüsselressourcen für das Projekt, Zusage von Arbeit im Projekt, falls erforderlich)?

- **Fitness der Organisation**
  - Bis zu welchem Grad sind dem Unternehmen Innovation und kreative Lösungen wichtiger als eine stabile Organisation?
  - Wie sehr ist die Organisation bereit, Unsicherheit auszuhalten und hinzunehmen?
  - Wie flexibel und volatil ist das Umfeld der Unternehmung sowie die Industrie, in der das Unternehmen tätig ist?
  - Ist die Industrie gesetzlich stark reguliert?
  - Handelt und denkt das Unternehmen kundenzentriert? Wenn ja, bis zu welchen Grad?
  - Wie flexibel sind die Aufbau- und Ablauforganisation?

- Wie groß sind die Bereitschaft des Unternehmens, dem Projekt Schlüsselressourcen zuzusagen? Werden die Besten gesucht und dürfen sie dem Projekt bis zu 100 Prozent ihrer Zeit widmen?
- Wie werden Entscheidungen im Unternehmen getroffen?
- Wie schnell werden Entscheidungen gefunden?
- Wie groß ist die Bereitschaft, einmal getroffene Entscheidungen auch umzusetzen und an ihnen eine Weile festzuhalten?

- **Fitness des Project Managers**
  - Wie groß ist die Bereitschaft und das Vermögen des Project Managers, ein Team zu motivieren und zu führen, Aufgaben und Verantwortung zu delegieren und die Teams dabei »an der langen Leine« agieren zu lassen?
  - Befürwortet und unterstützt der Project Manager die Zusammenarbeit zwischen den Mitgliedern eines Teams und der Teams untereinander?
  - Steht der Project Manager für eine offene und klare Informationspolitik zum Projektteam und zu den Stakeholdern?
  - Kann der Project Manager Unsicherheit aushalten und mit einem Projekt umgehen, dessen Planung sich kontinuierlich verändert?
  - Hat der Project Manager bereits Erfahrungen in einem agilen Umfeld oder Projekt sammeln können?
  - Ist Innovation und Fortschritt für den Project Manager bedeutsamer als das Festhalten an einmal gemachten Plänen?
  - Fokussiert sich der Project Manager mehr auf den Business Value oder orientiert er sich lieber an Standardprozessen und -prozeduren, um die Kontrolle im Projekt zu behalten.

- **Fitness der Stakeholder**
  - Bis zu welchem Punkt sind die Stakeholder bereit, dem Projektteam die Freiheit für einen nicht-traditionellen Ansatz zu

gewähren? Wie fehlertolerant sind die Stakeholder, bis sie eingreifen? Lassen sie einen Lernprozess der Teams zu?

- Wie gut sind die Stakeholder für das Projektteam greifbar, wenn es darum geht, schnell Entscheidungen herbeizuführen oder an einem Review teilzunehmen?
- Sind die Stakeholder bereit, Unsicherheiten während des Projekts auszuhalten?
- Sind die Stakeholder willens und in der Lage, sich in ein Projektteam einzubringen, wenn dies erforderlich wird?
- Sind die Stakeholder bereit, mit anderen auch dann zusammenzuarbeiten, wenn es zwar dem Unternehmen dient, aber einen persönlichen Machtverlust bedeutet?
- Wie sicher sind die Stakeholder mit Blick auf die geschäftlichen Anforderungen, um Entscheidungen im Sinne des Business und der Unternehmensstrategie treffen zu können?

- **Fitness der Projekt-Teams**
  - Inwiefern können die Projektteams eigenständig Entscheidungen für das Business treffen?
  - Sind die Mitglieder des Projektteams willens und in der Lage, mit anderen im Team zu agieren?
  - Gelingt es, das Projektteam an einem Ort zusammen arbeiten zu lassen? Kommen die Mitglieder aus einer Zeitzone? Ist Budget vorhanden, die Mitglieder des Teams co-located arbeiten zu lassen, falls sie aus unterschiedlichen Zeitzonen stammen?
  - Wie gut sind die Mitglieder des Teams darin, Problemlösungen zu finden und ggf. neue Ideen zu entwickeln?
  - Verfügen die Mitglieder des Teams schon über Erfahrungen in agilen Projekten?
  - Können die Mitglieder der Teams die Projekttools bereits professionell anwenden?

B Der Autor

Martin Kipka absolvierte nach dem Abitur eine Ausbildung zum Einzelhandelskaufmann und wurde Management Trainee in einer großen Einzelhandelskette. Während des anschließenden Studiums der Betriebswirtschaftslehre kam er das erste Mal mit der Software SAP in Kontakt. Schnell erkannte er das Potenzial und verdingte sich parallel zum Studium als freiberuflicher Trainer in der Erwachsenenbildung. Einige heutige Berater der Branche haben bei ihm die ersten Gehversuche im SAP-System unternommen und dann die SAP-Beraterzertifizierungen bestanden.

Zusammen mit Tony Dittmann gründete Martin Kipka 1999 die heutige sollistico GmbH, ein Beratungsunternehmen mit einem »Hang« zu Lösungen und Produkten aus Walldorf. Neben Changemanagement oder Testing gehören Projekte beim Kunden oder Trainings nach wie vor zu seinen geschätzten Tätigkeiten.

Mit mehr als 10.000 Seminarteilnehmern im Laufe seines Berufslebens verfügt Martin Kipka heute über einen soliden Erfahrungsschatz im Seminargeschäft, ergänzt durch viele Teil- und Projektleitungen im SAP-Umfeld. Als Autor hat er bereits viele kundenspezifische Lernmedien, trainingsbegleitende Unterlagen oder E-Learnings sowie Webinare und Lehrfilme erstellt. Die Teilnehmer und Kunden schätzen dabei sein Augenmaß für das Notwendige einerseits und das Machbare andererseits.

C Index

P

R

S

T

U

W

D Disclaimer

Die in diesem Werk wiedergegebenen Gebrauchsnamen, Handelsnamen, Warenbezeichnungen usw. können auch ohne besondere Kennzeichnung Marken sein und als solche den gesetzlichen Bestimmungen unterliegen. Sämtliche in diesem Werk abgedruckten Bildschirmabzüge unterliegen dem Urheberrecht der SAP SE, Dietmar-Hopp-Allee 16, 69190 Walldorf.

In dieser Publikation wird auf Produkte der SAP SE Bezug genommen. SAP, R/3, SAP NetWeaver, Duet, PartnerEdge, ByDesign, SAP BusinessObjects Explorer, StreamWork und weitere im Text erwähnte SAP-Produkte und -Dienstleistungen sowie die entsprechenden Logos sind Marken oder eingetragene Marken der SAP SE in Deutschland und anderen Ländern. Business Objects und das Business-Objects-Logo, BusinessObjects, Crystal Reports, Crystal Decisions, Web Intelligence, Xcelsius und andere im Text erwähnte Business-Objects-Produkte und -Dienstleistungen sowie die entsprechenden Logos sind Marken oder eingetragene Marken der Business Objects Software Ltd. Business Objects ist ein Unternehmen der SAP SE. Sybase und Adaptive Server, iAnywhere, Sybase 365, SQL Anywhere und weitere im Text erwähnte Sybase-Produkte und -Dienstleistungen sowie die entsprechenden Logos sind Marken oder eingetragene Marken der Sybase Inc. Sybase ist ein Unternehmen der SAP SE. Alle anderen Namen von Produkten und Dienstleistungen sind Marken der jeweiligen Firmen. Die Angaben im Text sind unverbindlich und dienen lediglich zu Informationszwecken. Produkte können länderspezifische Unterschiede aufweisen.

Der SAP-Konzern übernimmt keinerlei Haftung oder Garantie für Fehler oder Unvollständigkeiten in dieser Publikation. Der SAP-Konzern steht lediglich für SAP-Produkte und -Dienstleistungen nach der Maßgabe ein, die in der Vereinbarung über die jeweiligen Produkte und Dienstleistungen ausdrücklich geregelt ist. Aus den in dieser Publikation enthaltenen Informationen ergibt sich keine weiterführende Haftung.

Weitere Bücher von Espresso Tutorials

Jörg Marenk:

IT-Projektmanagement im SAP® Solution Manager

- Projekte im Solution Manager verwalten
- Konfiguration des IT-Projektmanagements
- Verknüpfung von Projektaufgaben und Änderungsdokumenten
- Erfassung und Auswertung zurückgemeldeter Arbeitszeiten

http://5122.espresso-tutorials.de

Stefan Körner & Christina Dietrich:

Testautomatisierung mit dem SAP® Solution Manager

- Methoden und Werkzeuge der Testautomatisierung
- SAP-Oberflächentests und End-to-End-Testautomatisierung
- erfolgreiche Einführung von Component-based Test Automation (CBTA)
- Ergebnisauswertung und -analyse

http://5123.espresso-tutorials.com

Andreas Schuster:

Praxishandbuch SAP® HANA – Administration

- Architekturkonzepte von SAP HANA verstehen und anwenden
- Sizing, Skalierbarkeit, Mandantenfähigkeit, Hochverfügbarkeit
- Probleme vermeiden, frühzeitig erkennen und beseitigen
- einfach nachvollziehbar anhand der SAP HANA, express edition

http://5265.espresso-tutorials.de

Andreas Unkelbach:

SAP® S/4HANA Migration Cockpit – Datenmigration mit LTMC und LTMOM

- Grundlagen zur erfolgreichen Datenmigration
- Ablösung der LSMW durch das SAP S/4 HANA Migration Cockpit (LTMC)
- Templatepflege, Fehlerbehandlung und Regeln zur Datenübernahme
- Erweiterungen durch den S/4HANA-Migrationsobjekt-Modeler (LTMOM)

http://5318.espresso-tutorials.de